Erraza eta dibertigarria
Montessori

Nire lehen matematika kenketa-koadernoa

Subtraction Worksheets

2 − 1	4 − 2	1 − 1
4 − 1	10 − 2	5 − 1
10 − 7	10 − 1	3 − 1

Name : ___________________________

Direction: Count the images. Write the number of images in the
boxes above each image and write the right number in the last box.

-   =

-   =

-   =

-   =

Picture Subtraction Worksheet.

- =

- =

- =

- =

Subtraction Worksheets

5
− 2
_____
[ ] Answer

3
− 2
_____
[ ] Answer

5
− 2
_____
[ ] Answer

4
− 1
_____
[ ] Answer

3
− 1
_____
[ ] Answer

3
− 2
_____
[ ] Answer

Name : _______________________

Direction: Draw a line to match the questions on the left with the correct number on the right.

3

2

2

4

Name : _______________________________

Direction: Use the picture to help you find the answer.

1 2 3 4 5 6 7 8 9 10

10 − 7 = ___	3 − 1 = ___
6 − 1 = ___	8 − 6 = ___
7 − 6 = ___	4 − 2 = ___
1 − 1 = ___	2 − 1 = ___
8 − 4 = ___	3 − 4 = ___

Name : _______________________________

Picture Subtraction Worksheet.

-   = _______________

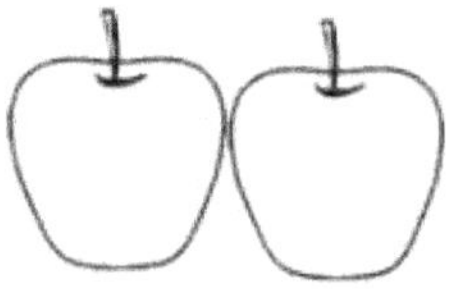

-   = _______________

-   = _______________

-   = _______________

Picture Subtraction Worksheet.

1 - 0 =

5 - 3 =

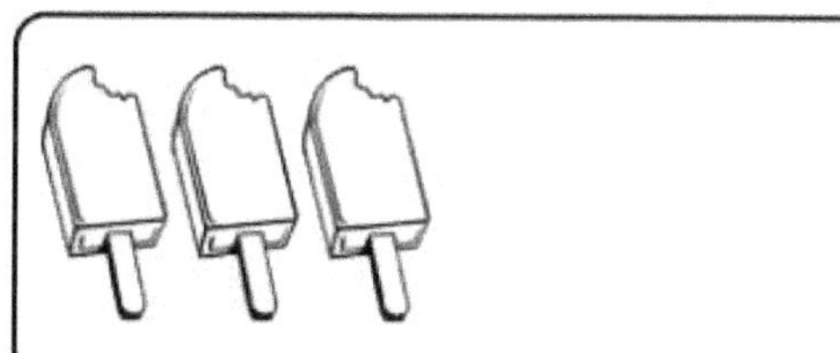

3 - 0 =

5 - 1 =

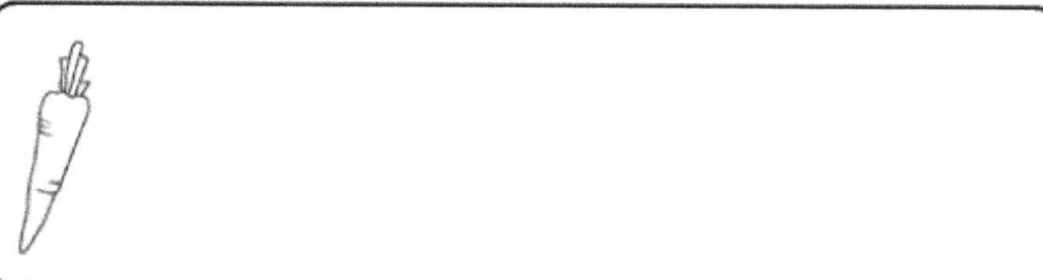

1 - 0 =

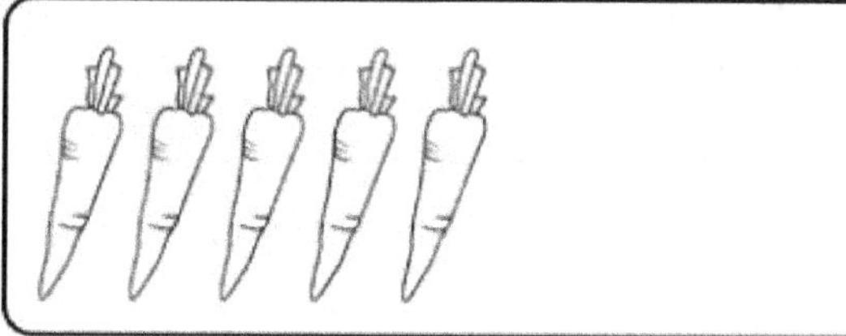

5 - 3 =

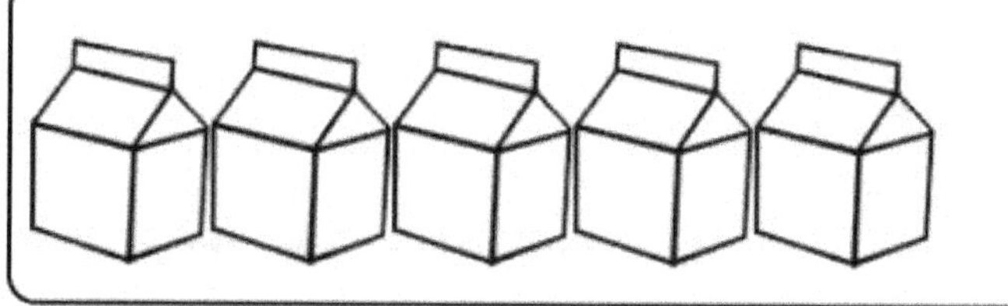

5 - 0 =

Picture Subtraction Worksheet.

1 - 0 = _______

3 - 0 = _______

3 - 1 = _______

5 - 3 = _______

Picture Subtraction Worksheet.

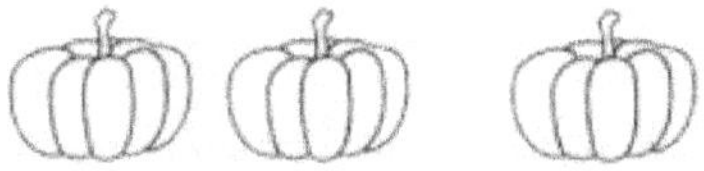

2 - 1 =

3 - 1 =

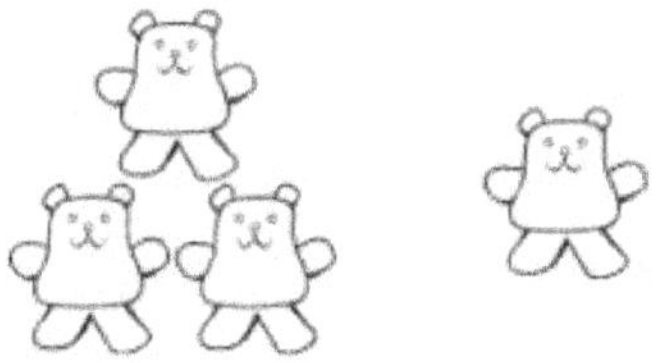

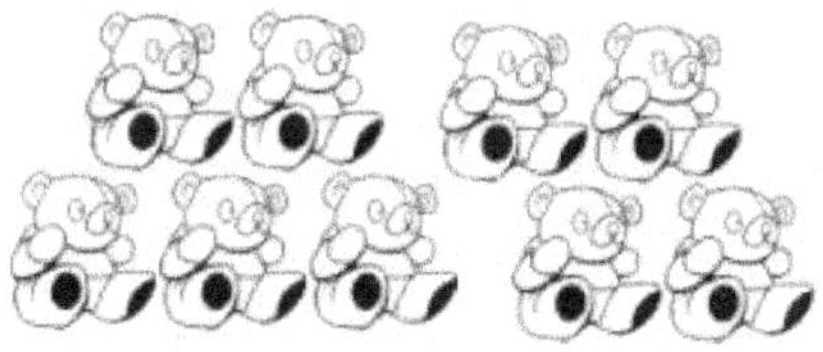

5 - 4 =

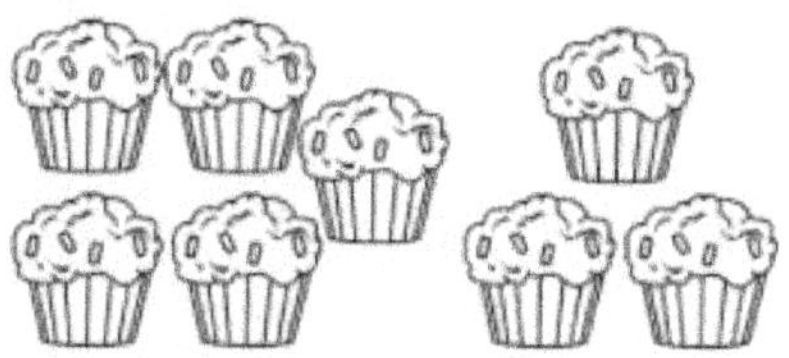

5 - 3 =

2

1

1

2

Subtraction Worksheets

10 − 7	7 − 5	10 − 4
8 − 2	2 − 1	4 − 3
3 − 1	9 − 6	6 − 4

Name : ______________________________

Direction: Count the images. Write the number of images in the
boxes above each image and write the right number in the last box.

□	□	= □

| □ | □ | = □ |

| □ | □ | = □ |

| □ | □ | = □ |

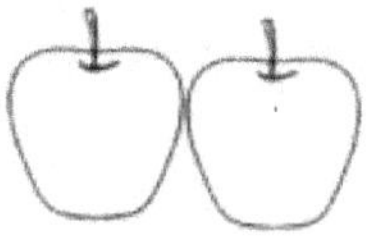

Picture Subtraction Worksheet.

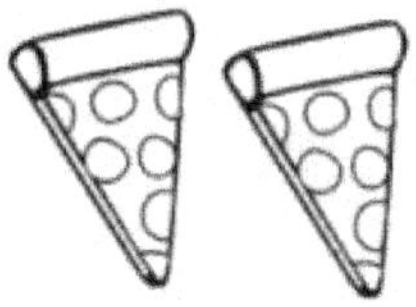

= ________

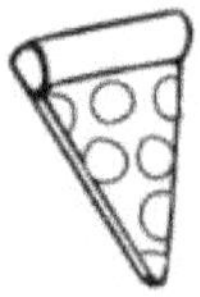

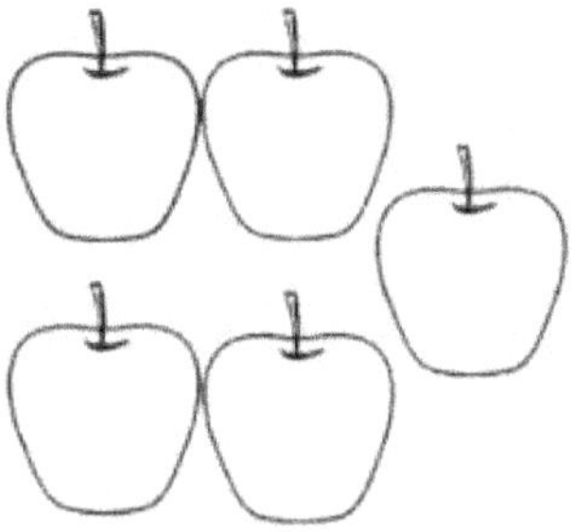

= ________

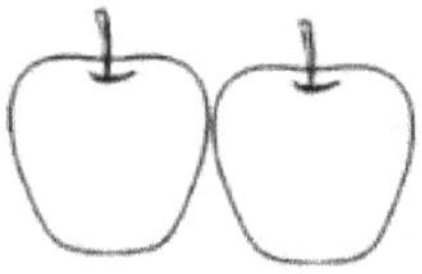

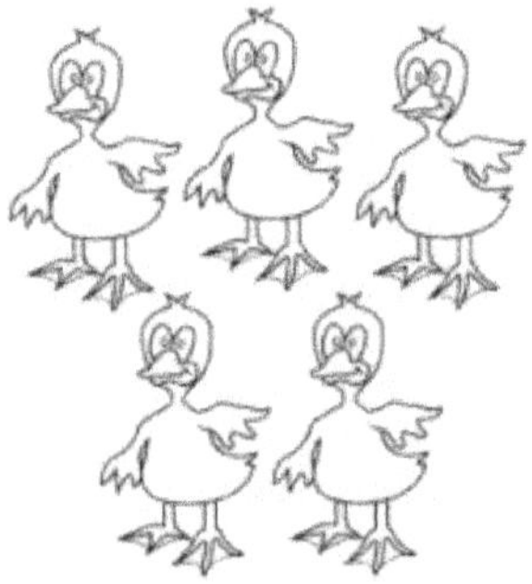

= ________

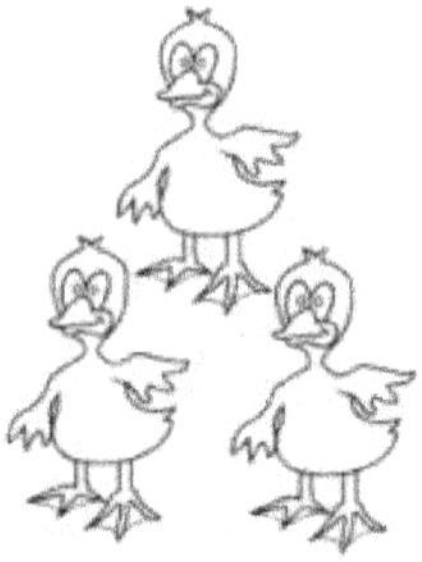

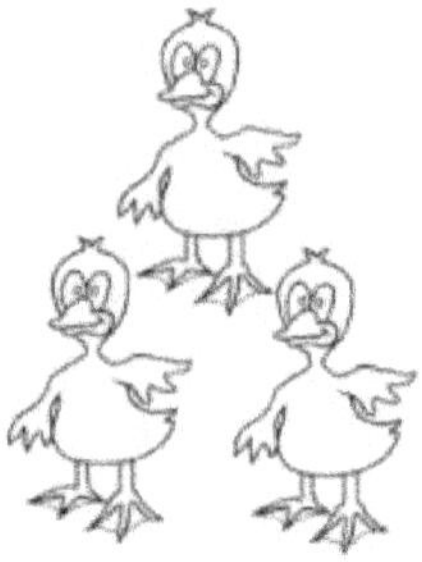

= ________

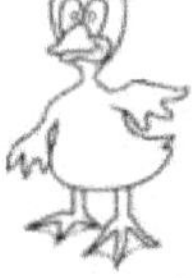

Subtraction Worksheets

2 🧁🧁
- 1 🧁 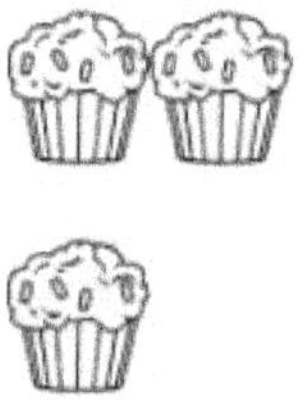
____
Answer

1
- 1
____
Answer

2
- 1 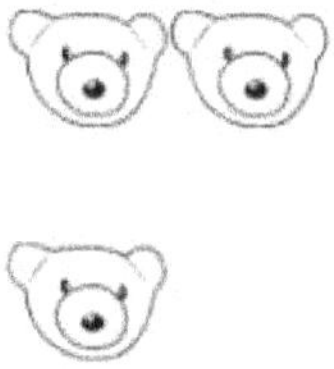
____
Answer

2
- 1 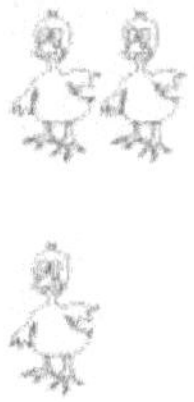
____
Answer

1
- 1 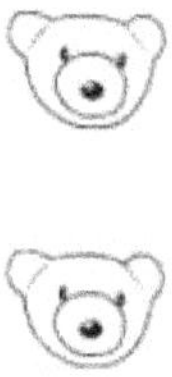
____
Answer

5
- 2 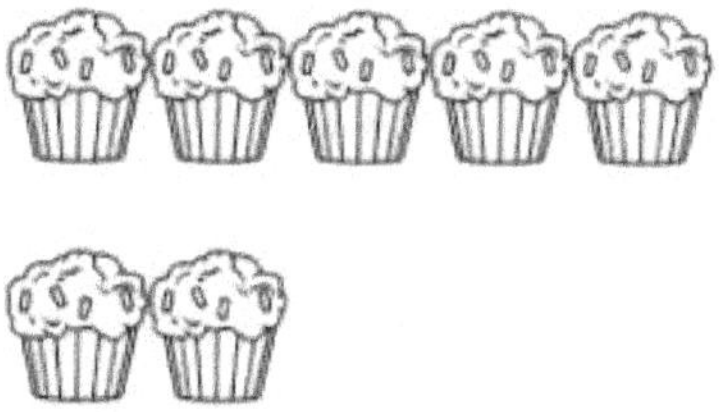
____
Answer

Name : _______________________________

Direction: Draw a line to match the questions on the left with the correct number on the right.

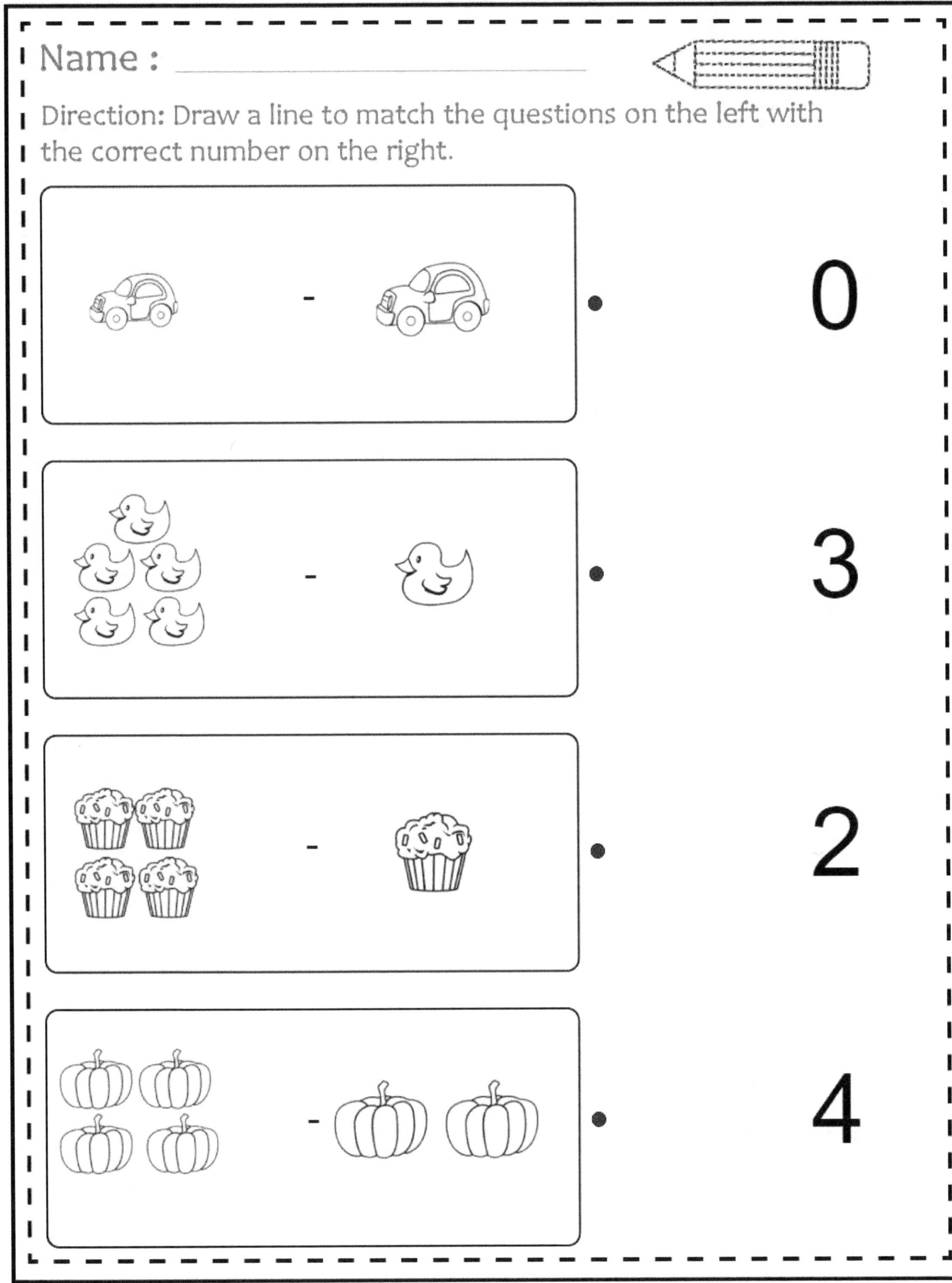

Name : _______________________________

Direction: Use the picture to help you find the answer.

1   2   3   4   5   6   7   8   9   10

$3 - 1 =$ ___	$1 - 1 =$ ___
$2 - 1 =$ ___	$3 - 2 =$ ___
$2 - 1 =$ ___	$6 - 4 =$ ___
$5 - 1 =$ ___	$8 - 5 =$ ___
$3 - 2 =$ ___	$8 - 2 =$ ___

Picture Subtraction Worksheet.

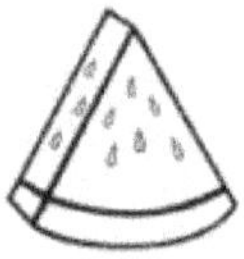

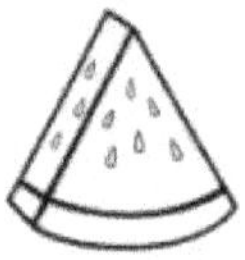

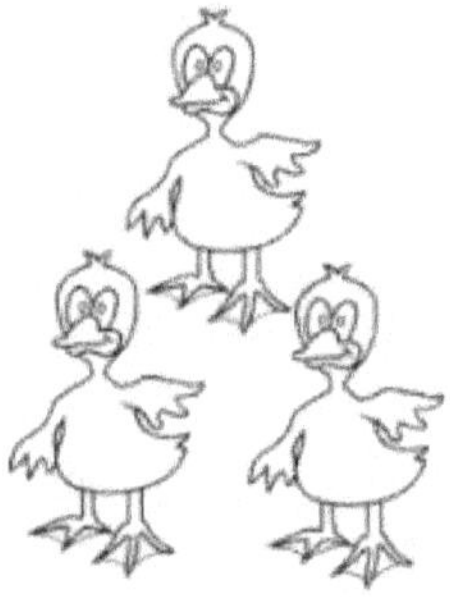

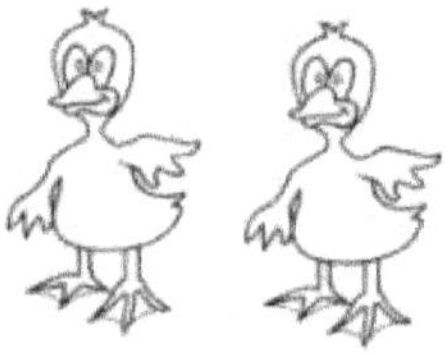

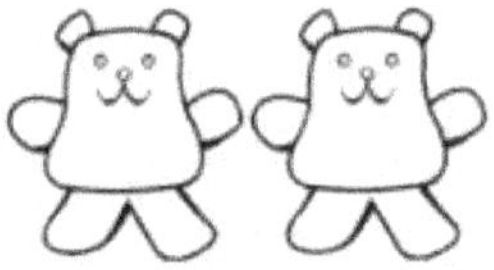

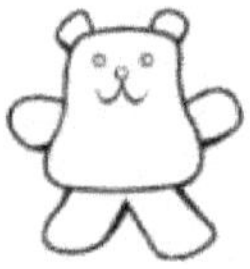

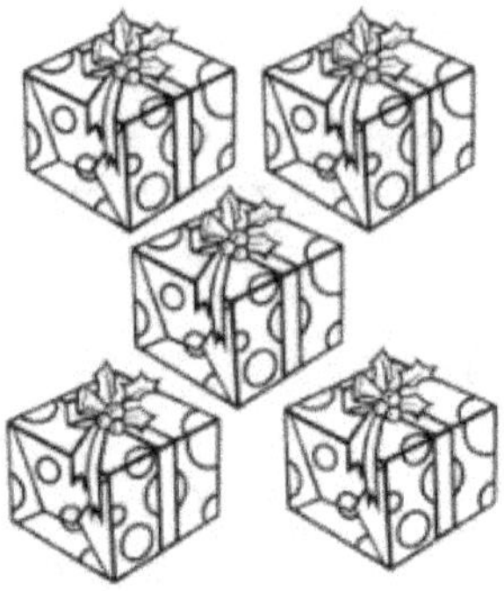

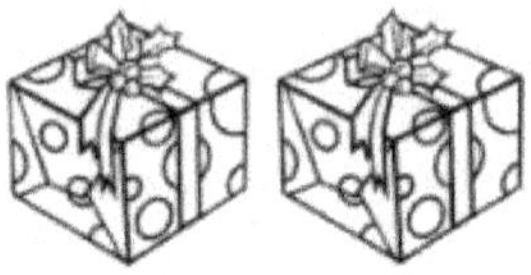

Picture Subtraction Worksheet.

2 - 0 =

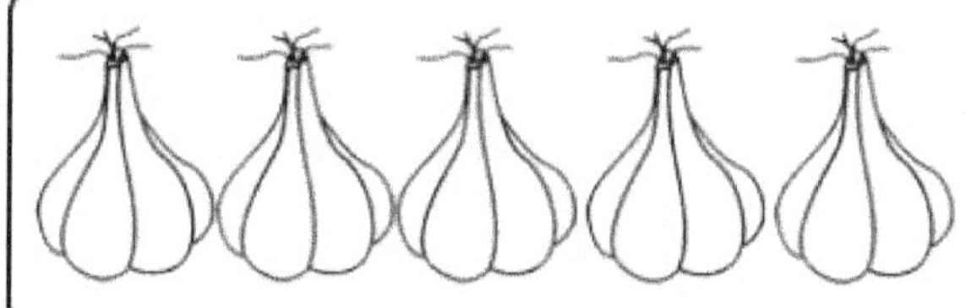

5 - 4 =

5 - 3 =

2 - 1 =

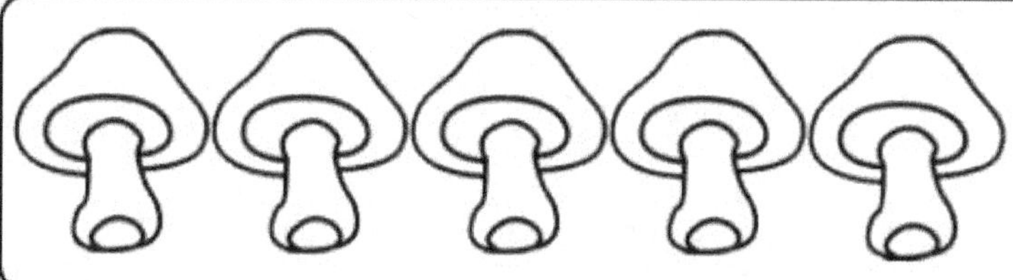

5 - 4 =

2 - 0 =

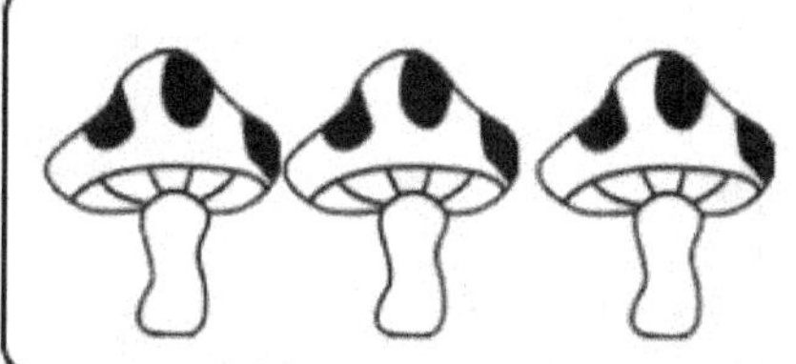

3 - 2 =

Name : _______________ 

Picture Subtraction Worksheet.

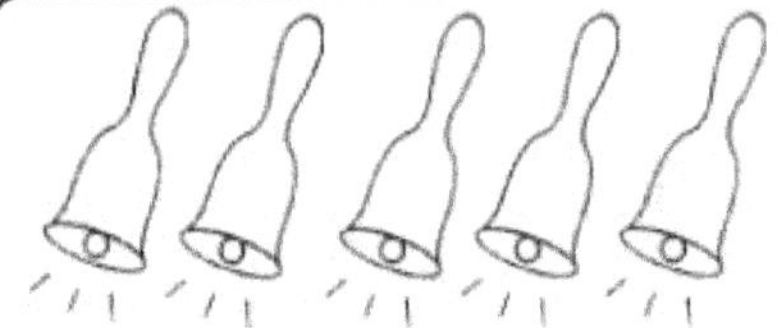

5 - 3 = _______

5 - 0 = _______

4 - 3 = _______

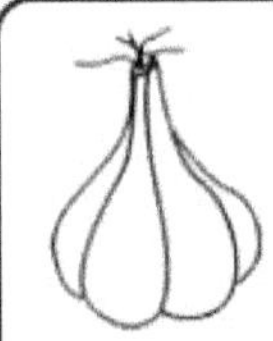

1 - 0 = _______

Name : _______________________

Picture Subtraction Worksheet.

3 - 2 =

2 - 1 =

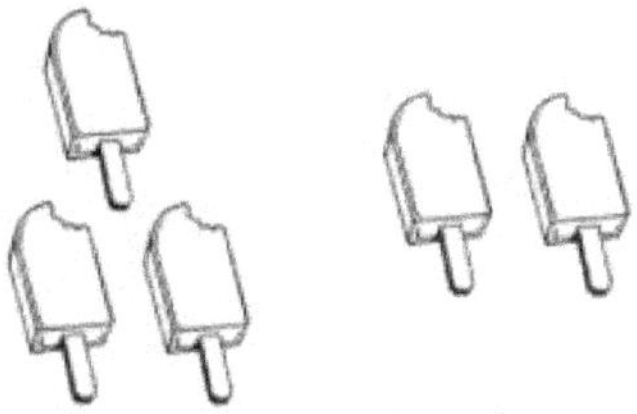

3 - 2 =

5 - 1 =

1

1

1

4

Subtraction Worksheets

9	9	6
− 2	− 8	− 1

5	3	10
− 3	− 1	− 8

1	1	9
− 1	− 1	− 8

Math Made Easy....

Name : _______________________

Direction: Count the images. Write the number of images in the boxes above each image and write the right number in the last box.

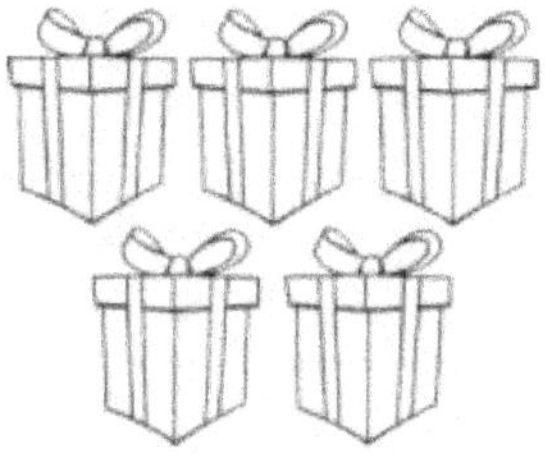

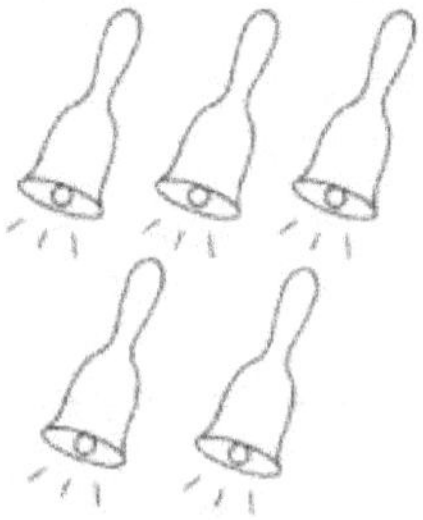

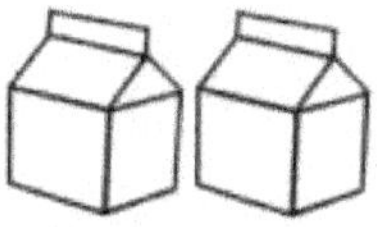

Name : _______________________

Picture Subtraction Worksheet.

-    =   _______________

-    =   _______________

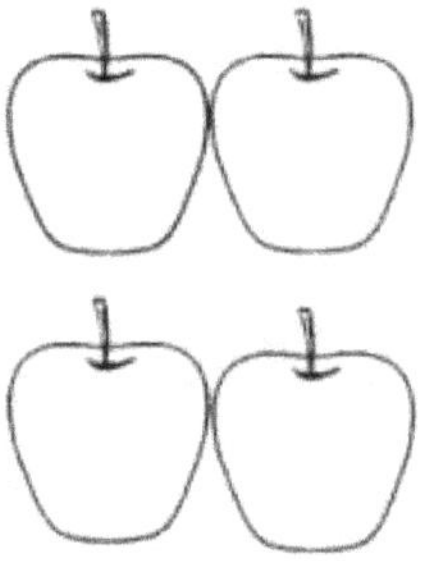

-    =   _______________

-    =   _______________

Subtraction Worksheets

Name : _______________________

Problem 1

1
- 1

Answer

Problem 2

5
- 1

Answer

Problem 3

1
- 1

Answer

Problem 4

5
- 1

Answer

Problem 5

3
- 2

Answer

Problem 6

1
- 1

Answer

Name : _______________

Direction: Draw a line to match the questions on the left with the correct number on the right.

1

2

1

1

Name : ______________________________

Direction: Use the picture to help you find the answer.

1   2   3   4   5   6   7   8   9   10

10 - 8 = ____	1 - 1 = ____
6 - 4 = ____	9 - 7 = ____
6 - 5 = ____	5 - 3 = ____
8 - 1 = ____	9 - 7 = ____
8 - 2 = ____	9 - 1 = ____

Name : _______________________

Picture Subtraction Worksheet.

-                     = __________

-                     = __________

-                     = __________

-                     = __________

Picture Subtraction Worksheet.

$$4 - 1 \ = \ \boxed{}$$

$$4 - 3 \ = \ \boxed{}$$

$$4 - 2 \ = \ \boxed{}$$

$$5 - 1 \ = \ \boxed{}$$

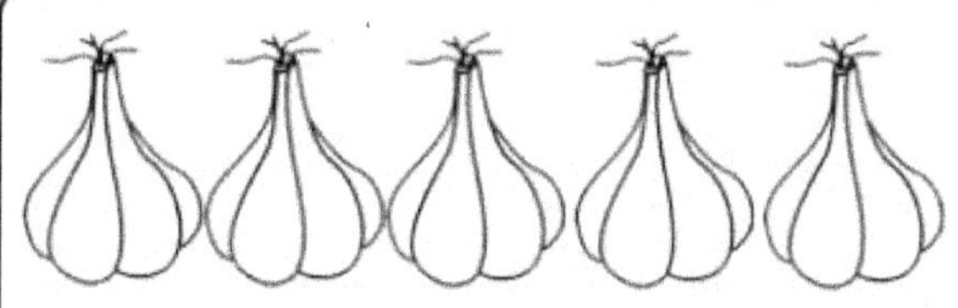

$$5 - 4 \ = \ \boxed{}$$

$$4 - 0 \ = \ \boxed{}$$

$$5 - 1 \ = \ \boxed{}$$

Picture Subtraction Worksheet.

$$1 - 0 = \underline{\hspace{3cm}}$$

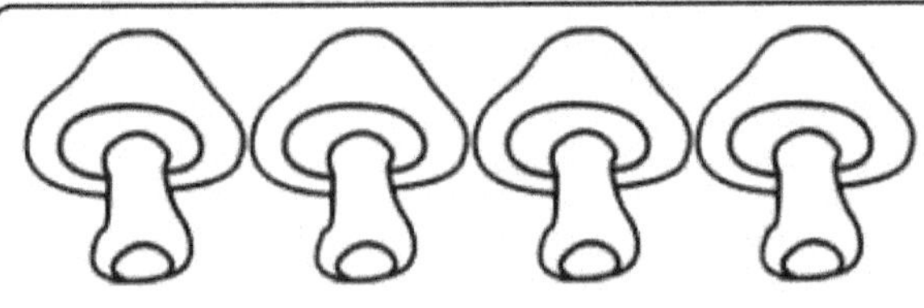

$$4 - 3 = \underline{\hspace{3cm}}$$

$$3 - 2 = \underline{\hspace{3cm}}$$

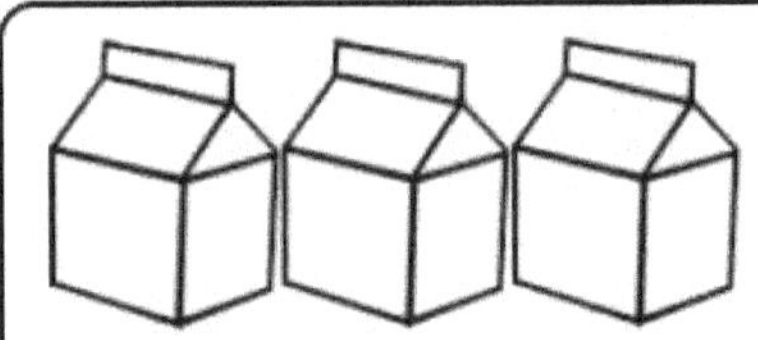

$$3 - 0 = \underline{\hspace{3cm}}$$

Picture Subtraction Worksheet.

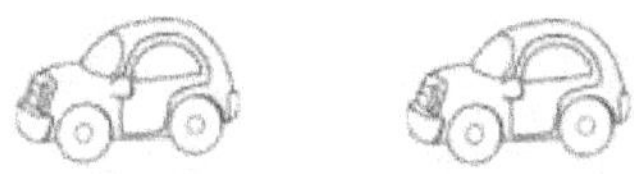

1 - 1 =

2 - 1 =

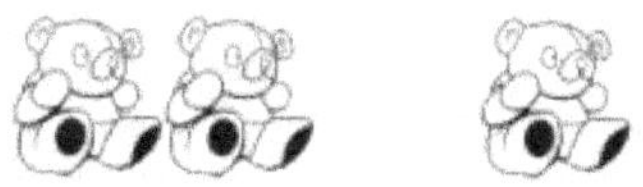

1 - 1 =

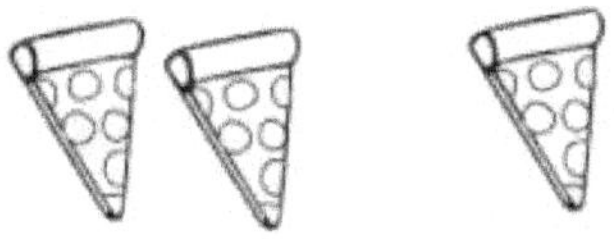

2 - 1 =

0

0

1

1

Subtraction Worksheets

6 − 1	4 − 2	1 − 1
7 − 1	4 − 2	6 − 2
9 − 2	8 − 1	9 − 6

Name : _______________________

Direction: Count the images. Write the number of images in the boxes above each image and write the right number in the last box.

=

=

=

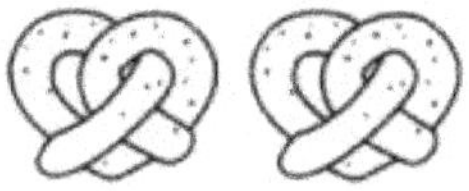

=

Picture Subtraction Worksheet.

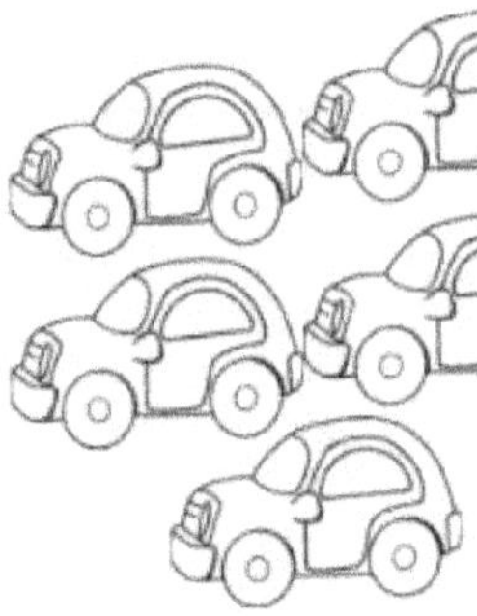

\- = ___________

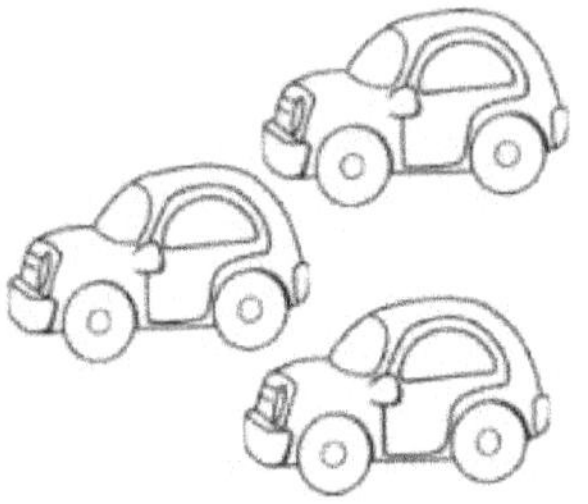

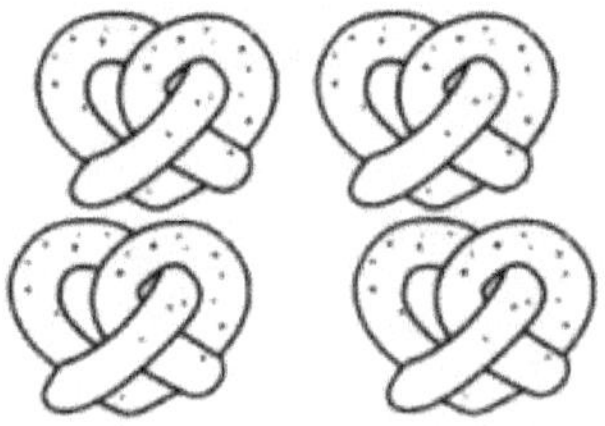

\- = ___________

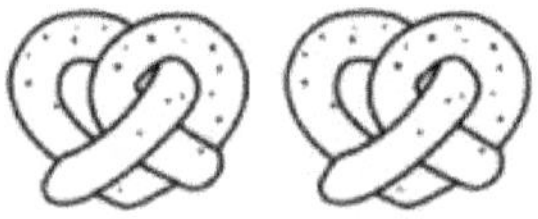

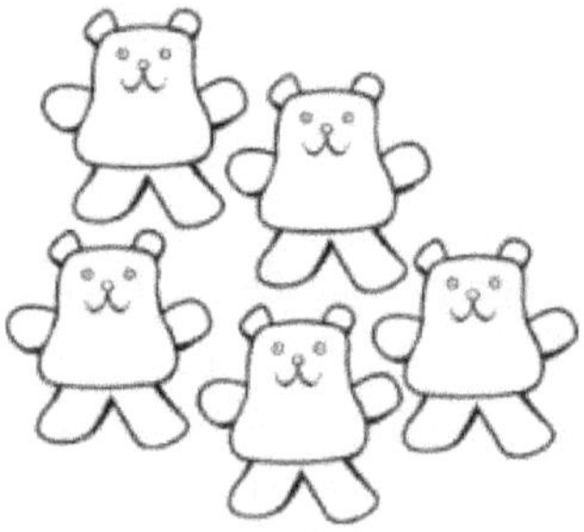

\- = ___________

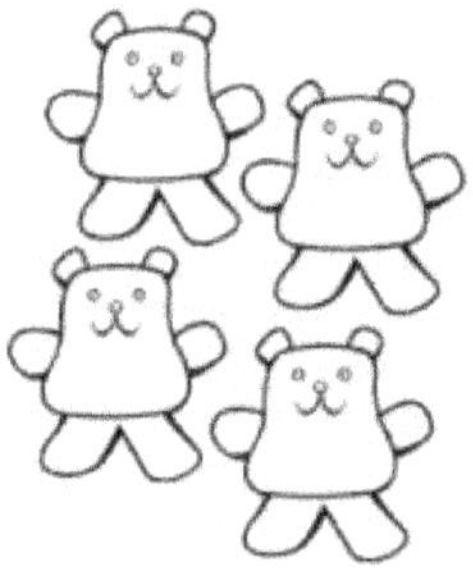

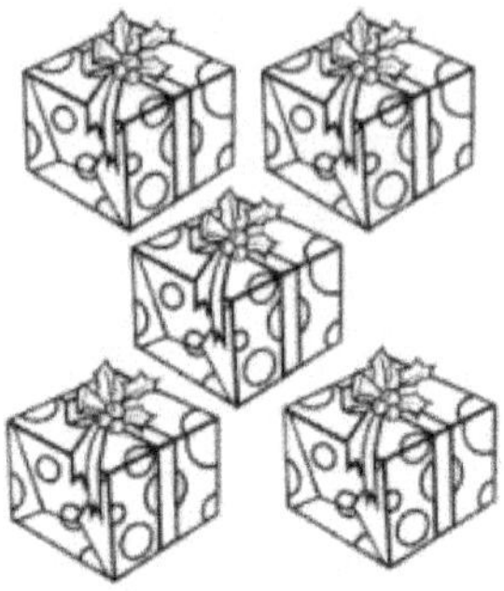

\- = ___________

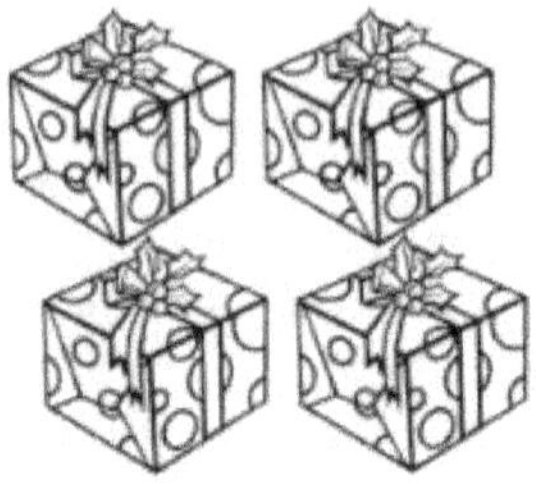

$$2 - 1 = $$

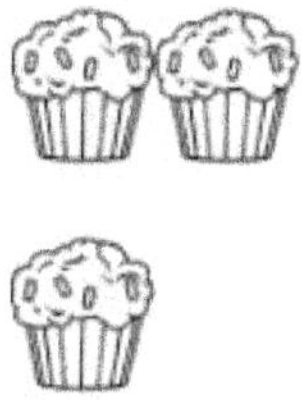

Answer

$$5 - 1 = $$

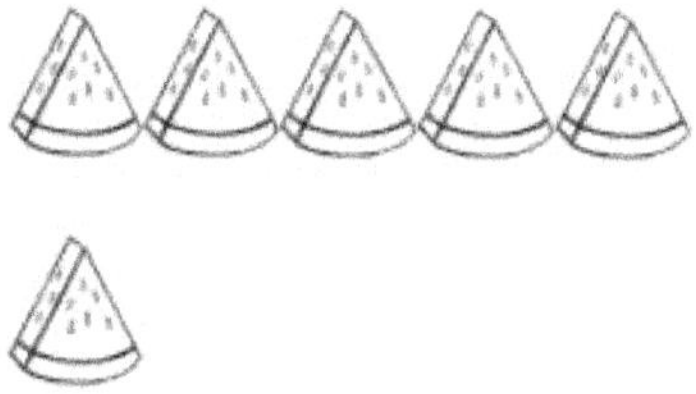

Answer

$$5 - 3 = $$

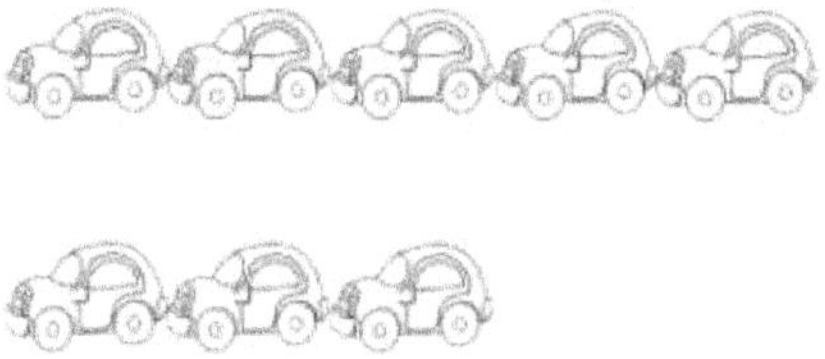

Answer

$$2 - 1 = $$

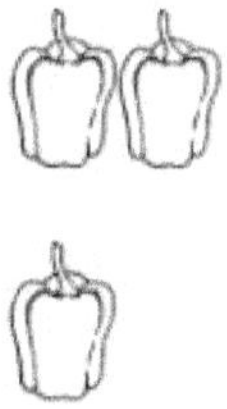

Answer

$$2 - 1 = $$

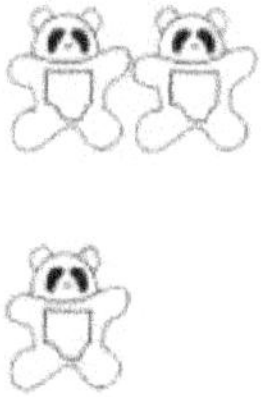

Answer

$$4 - 1 = $$

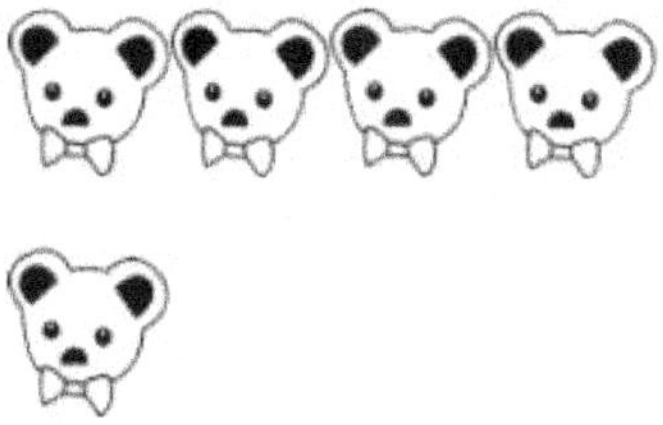

Answer

Name :
Direction: Draw a line to match the questions on the left with the correct number on the right.
1
1
0
1

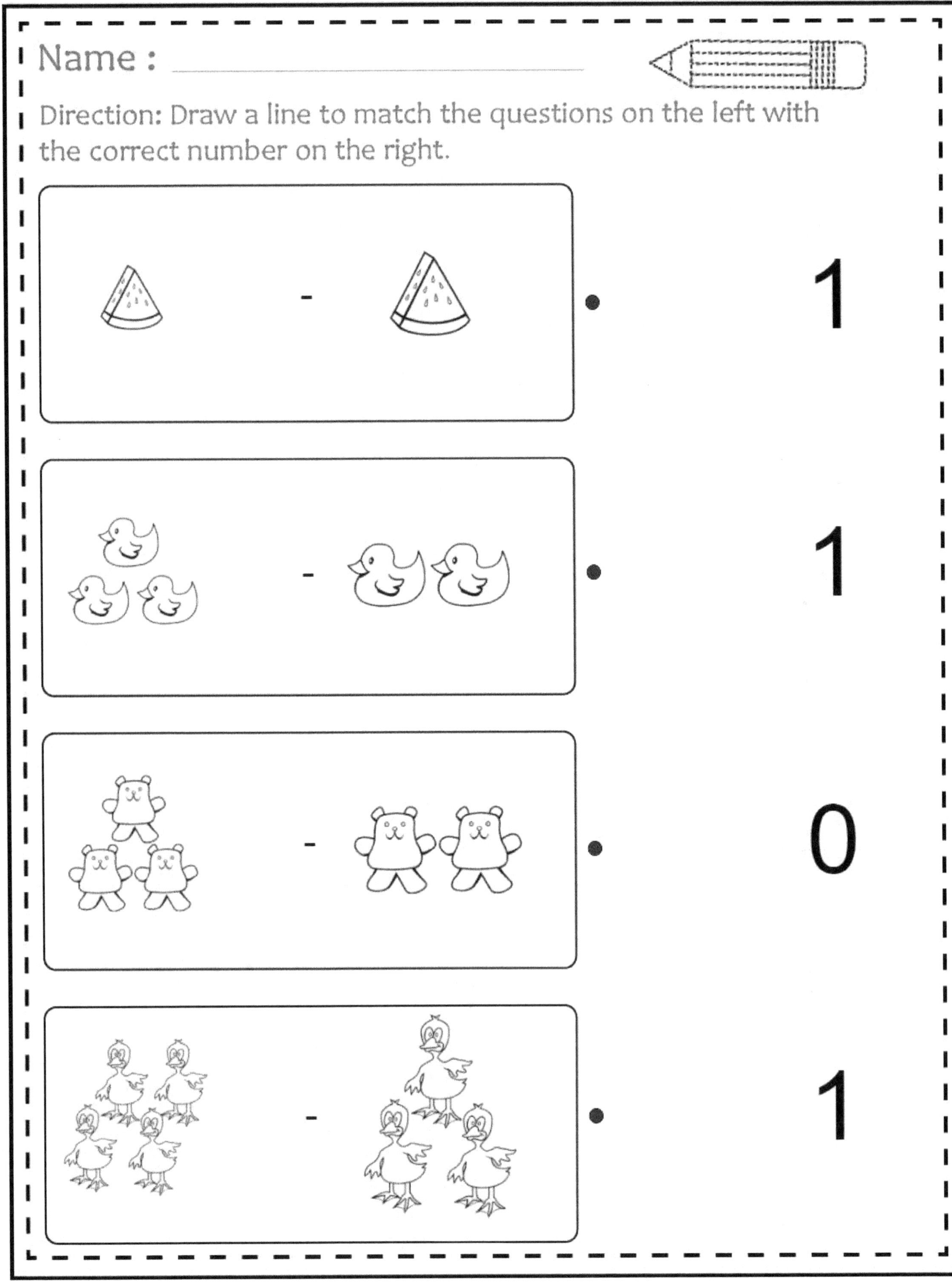

Name : _______________________________

Direction: Use the picture to help you find the answer.

1 2 3 4 5 6 7 8 9 10

5 - 1 = _____   9 - 4 = _____

2 - 1 = _____   8 - 2 = _____

2 - 1 = _____   6 - 3 = _____

7 - 5 = _____   5 - 3 = _____

6 - 1 = _____   10 - 3 = _____

Picture Subtraction Worksheet.

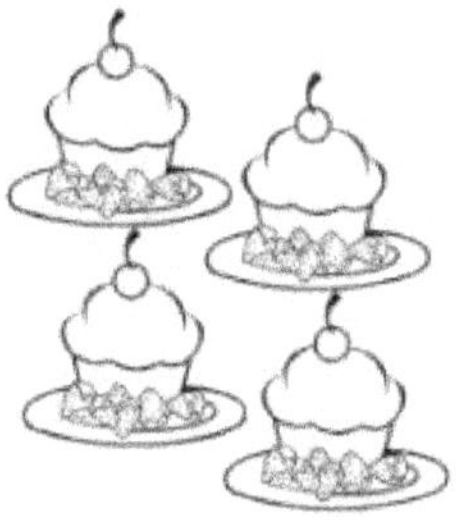

= _______________

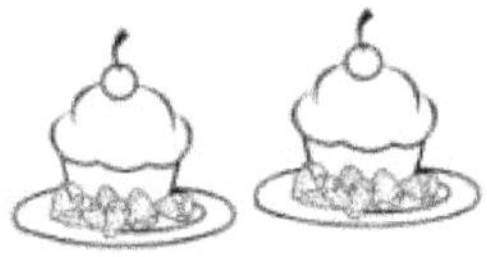

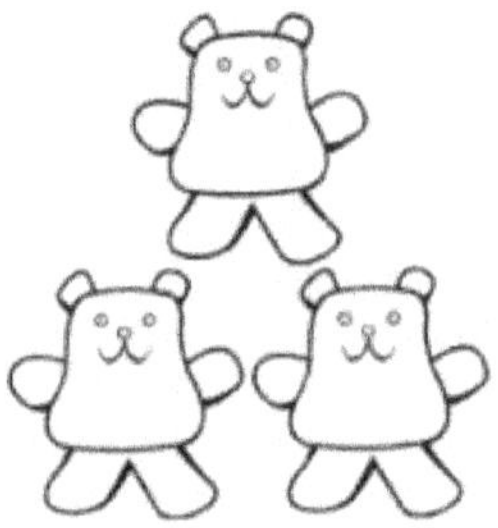

-

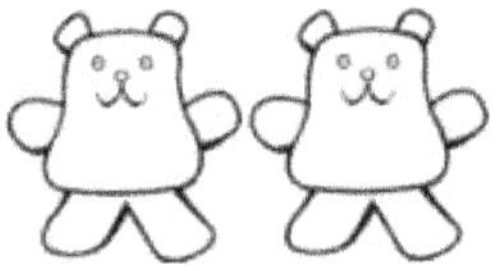

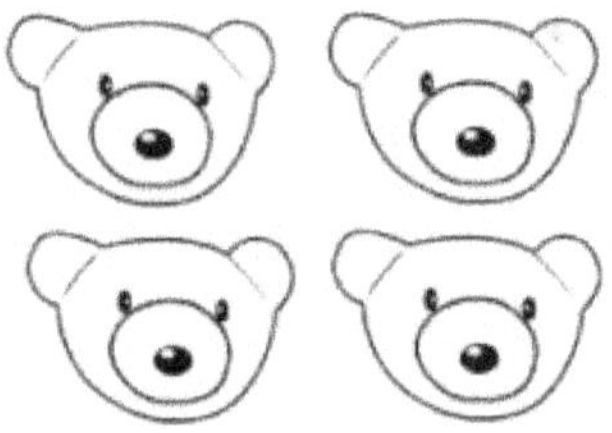

= _______________

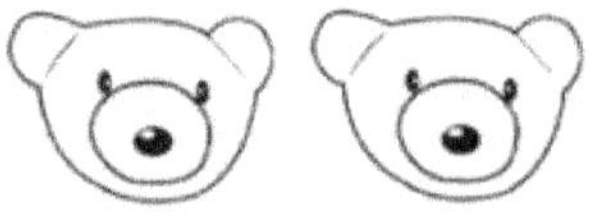

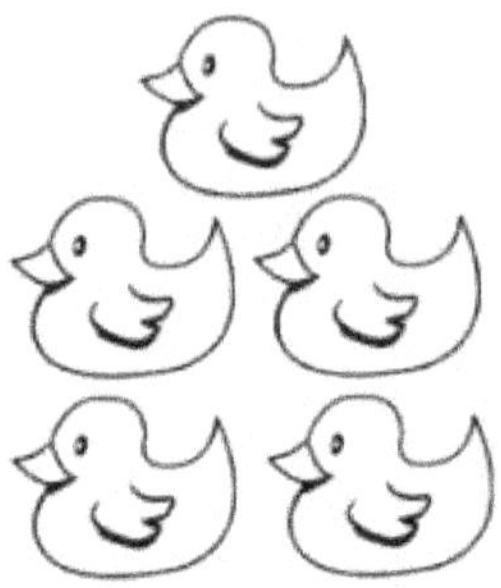

-

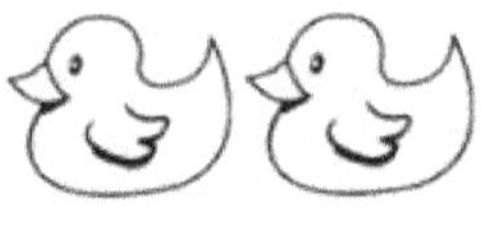

= _______________

-

= _______________

Picture Subtraction Worksheet.

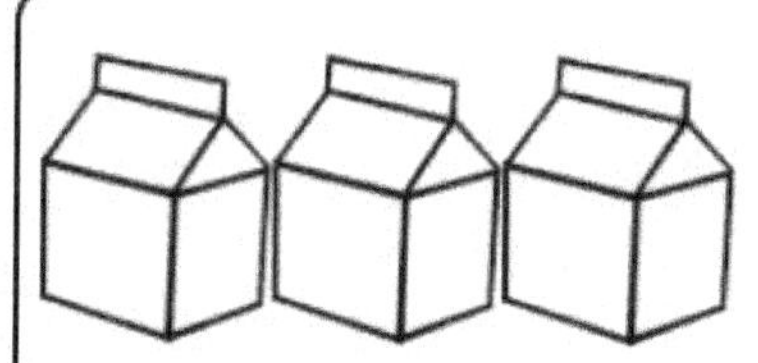

3 - 0 =

3 - 1 =

2 - 1 =

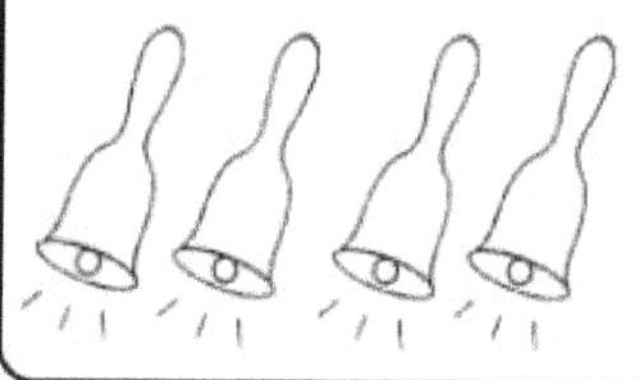

4 - 1 =

1 - 0 =

3 - 2 =

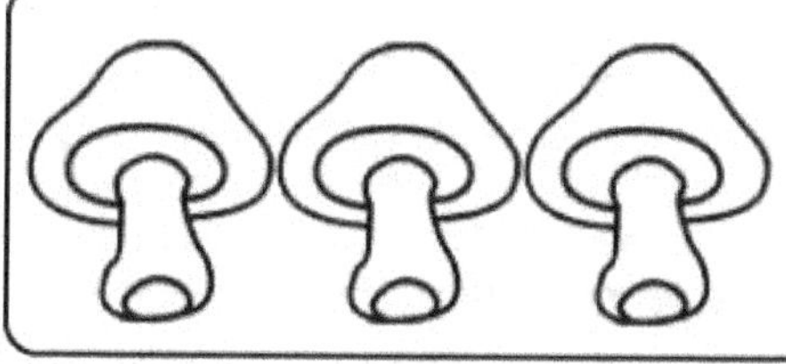

3 - 1 =

Picture Subtraction Worksheet.

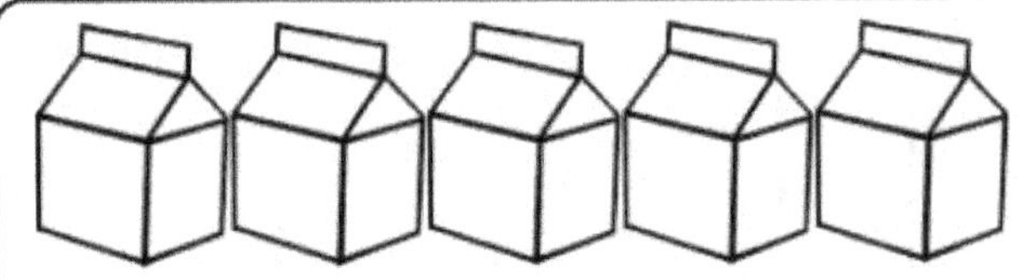

5 - 1   =   _______

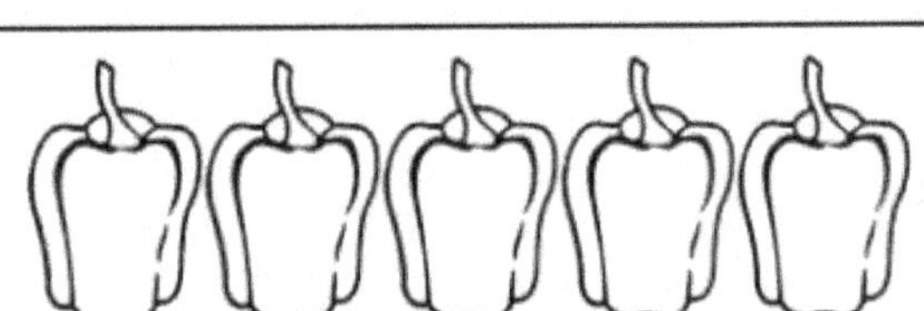

5 - 4   =   _______

3 - 2   =   _______

3 - 1   =   _______

Picture Subtraction Worksheet.

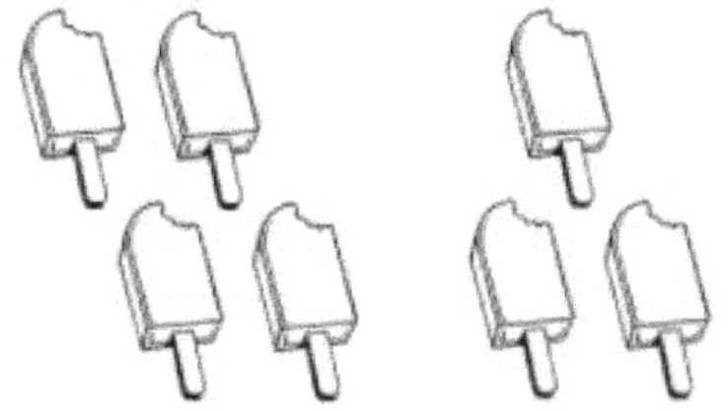

4 - 3 =

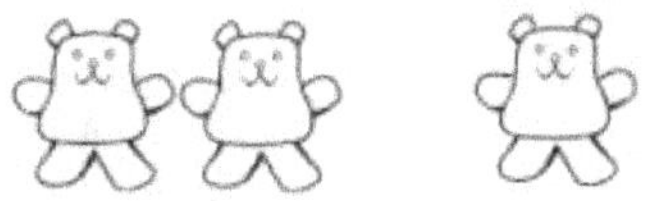

2 - 1 =

1 - 1 =

1 - 1 =

1

1

0

0

Name : _______________

Subtraction Worksheets

6 − 2	3 − 2	2 − 1
1 − 1	6 − 5	10 − 5
5 − 1	10 − 8	7 − 3

Math Made Easy....

Direction: Count the images. Write the number of images in the boxes above each image and write the right number in the last box.

Picture Subtraction Worksheet.

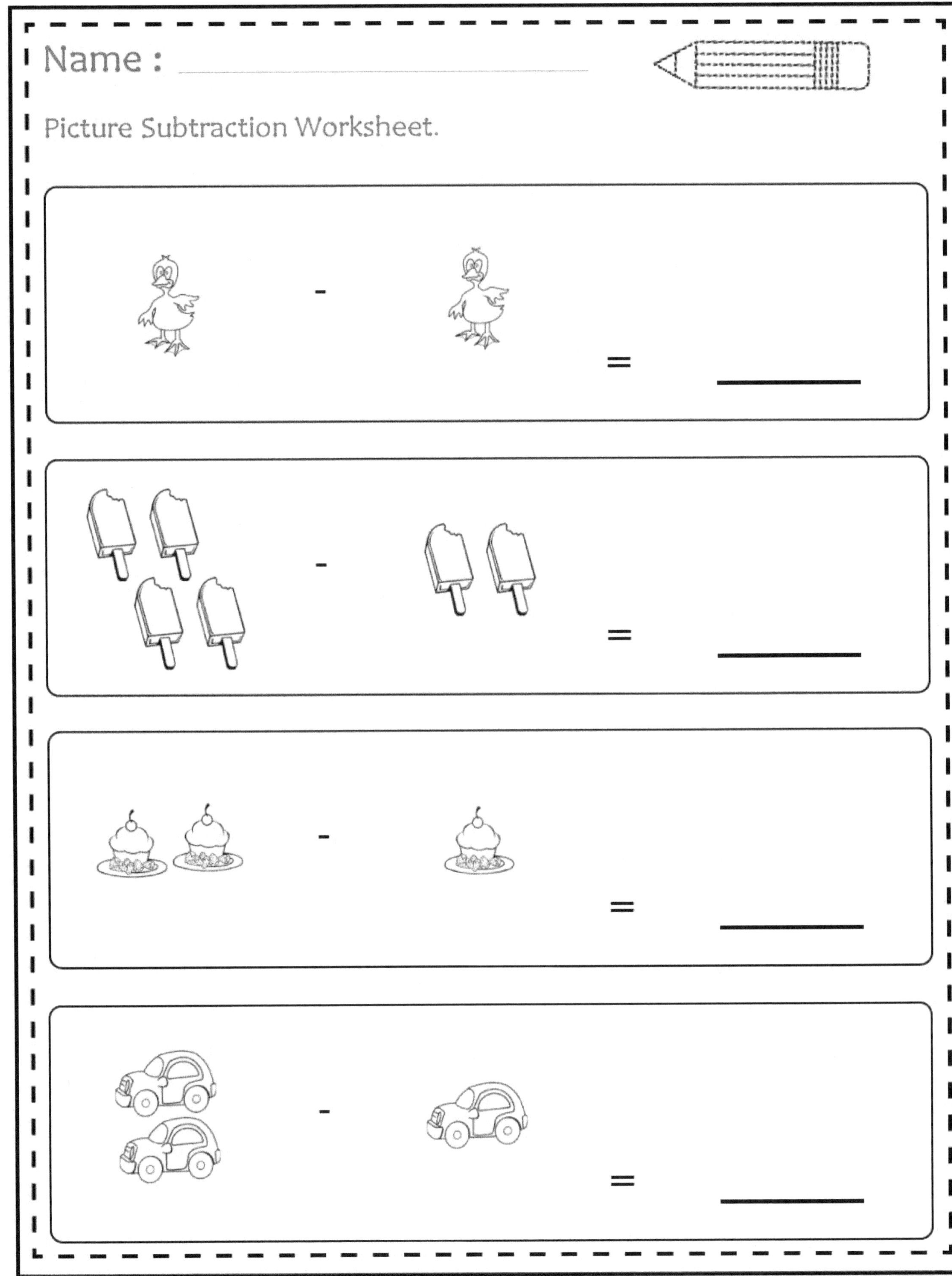

Subtraction Worksheets

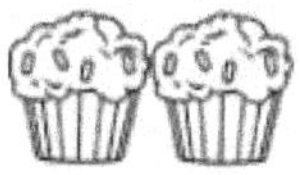

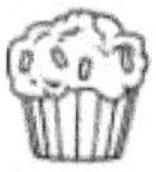

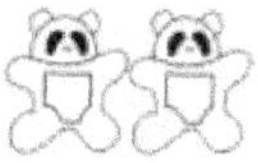

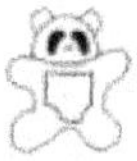

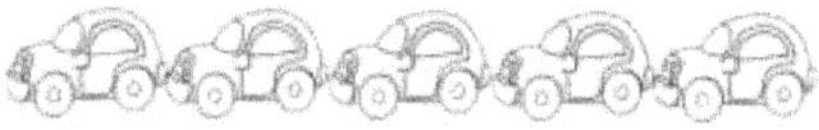

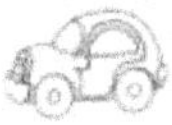

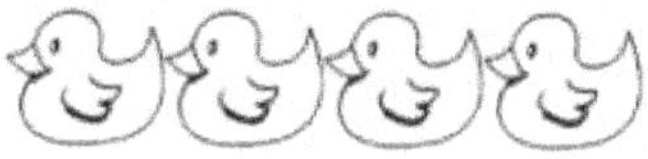

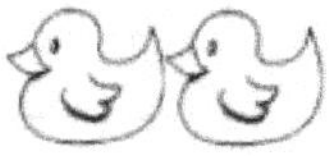

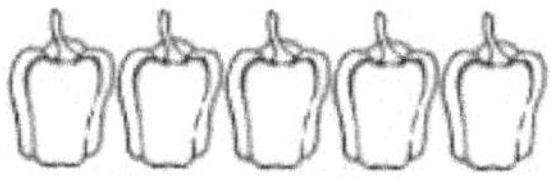

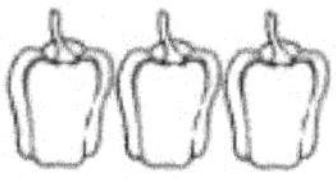

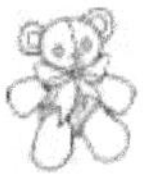

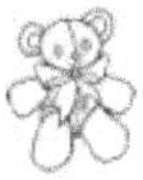

Name : _______________

Direction: Draw a line to match the questions on the left with the correct number on the right.

2

1

3

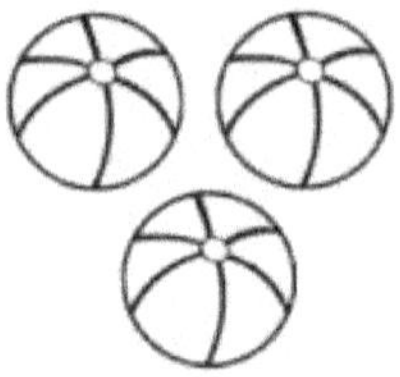

1

Name : _______________________________

Direction: Use the picture to help you find the answer.

1 2 3 4 5 6 7 8 9 10

10 - 8 _____	3 - 1 _____
9 - 8 _____	8 - 3 _____
2 - 1 _____	4 - 3 _____
7 - 3 _____	5 - 1 _____
2 - 1 _____	3 - 2 _____

Picture Subtraction Worksheet.

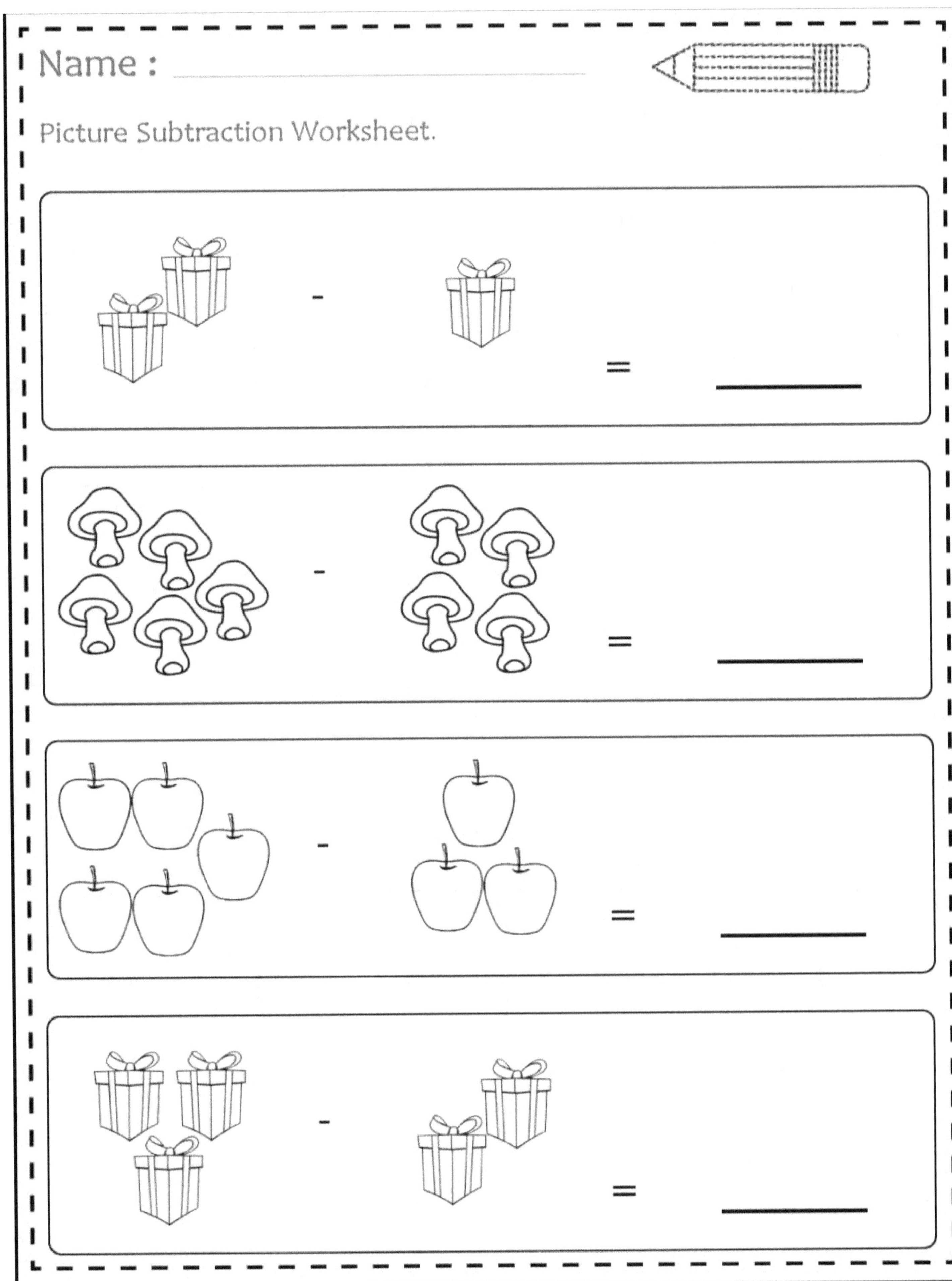

Name : _______________________

Picture Subtraction Worksheet.

5 - 1 =

1 - 0 =

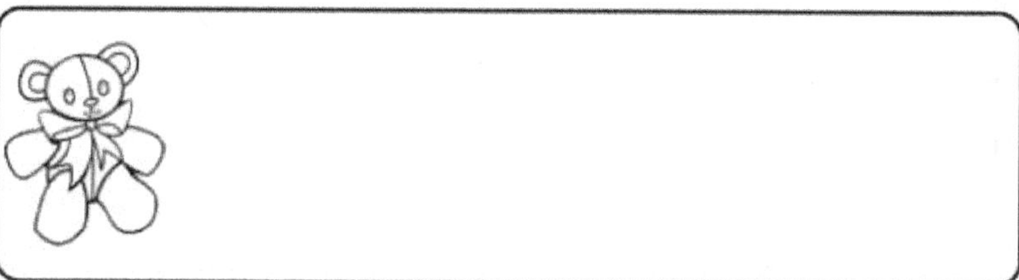

1 - 0 =

5 - 0 =

5 - 2 =

2 - 1 =

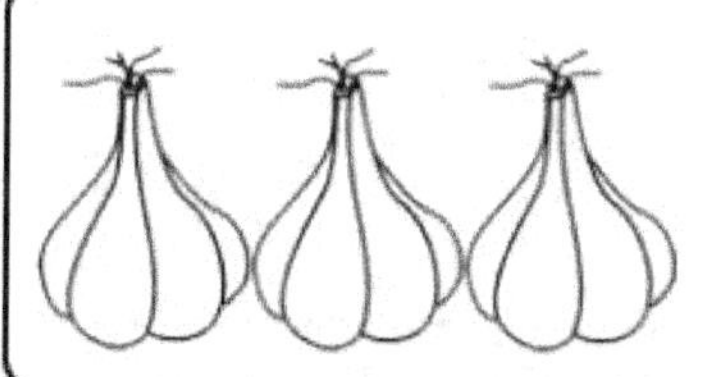

3 - 2 =

Picture Subtraction Worksheet.

1 - 0   = _______

5 - 1   = _______

5 - 1   = _______

5 - 1   = _______

Picture Subtraction Worksheet.

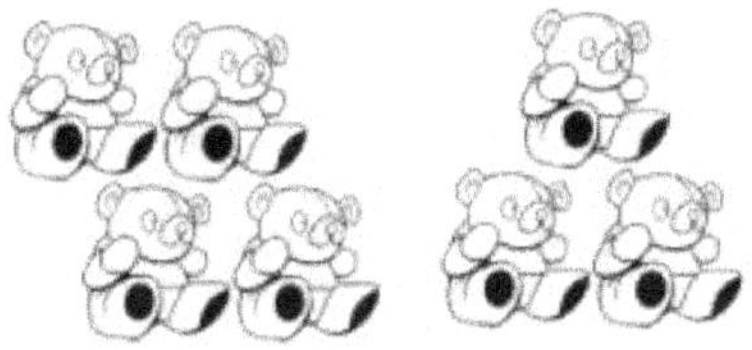

4   -   3   =

1

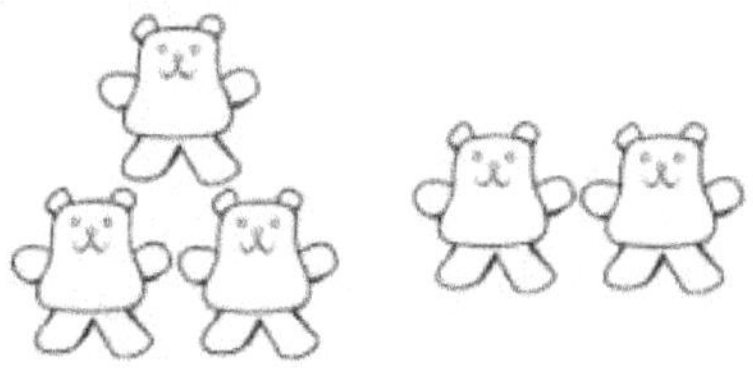

3   -   2   =

1

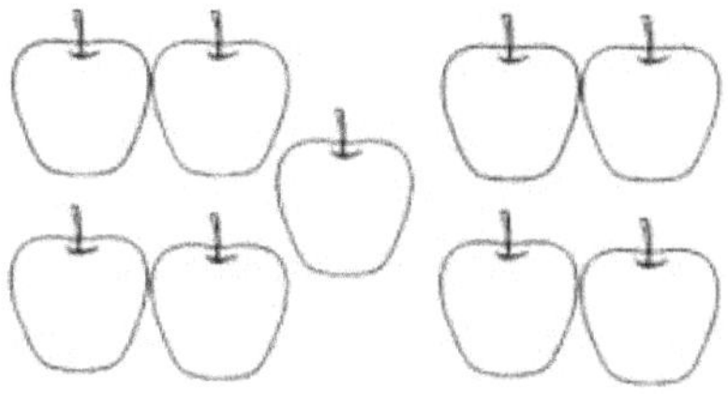

5   -   4   =

2

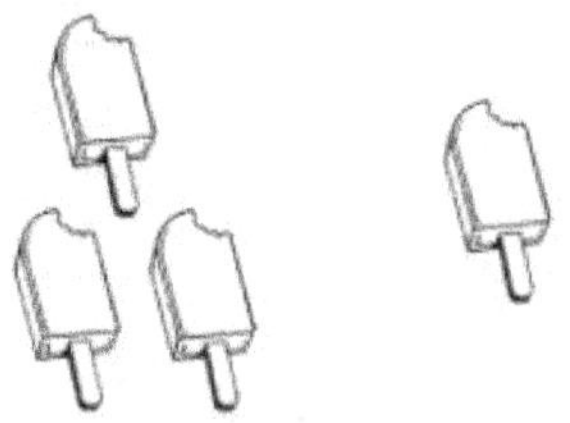

3   -   1   =

1

Subtraction Worksheets

8 − 1	9 − 3	9 − 6
2 − 1	8 − 3	2 − 1
8 − 7	9 − 6	7 − 4

Name : ____________________

Direction: Count the images. Write the number of images in the boxes above each image and write the right number in the last box.

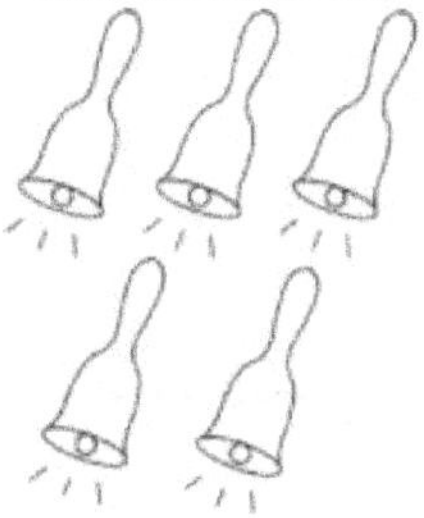 - 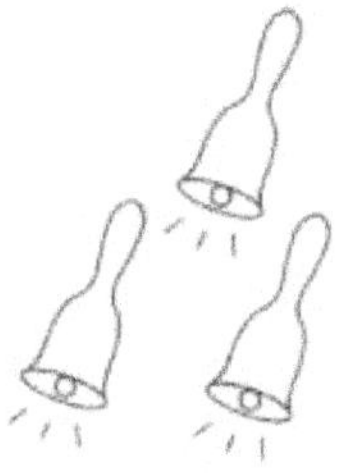 =

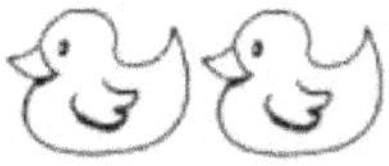 - 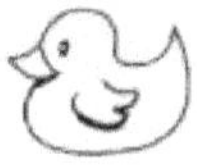 =

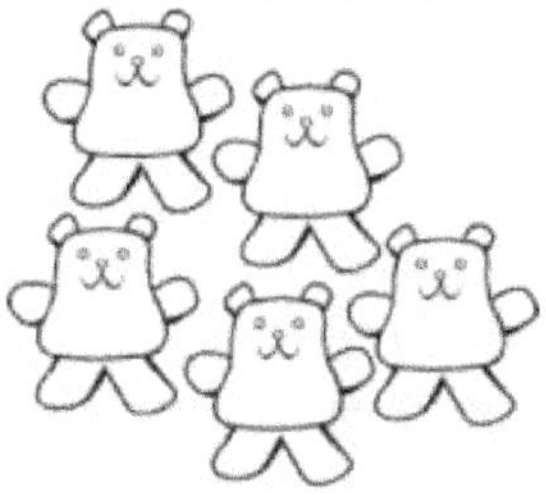 - 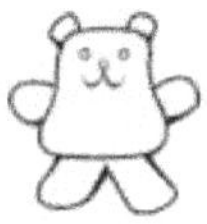 =

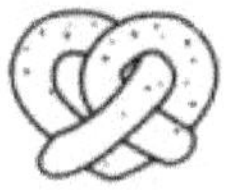 - 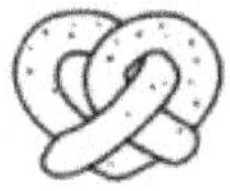 =

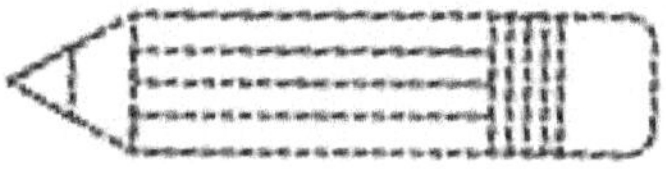

Picture Subtraction Worksheet.

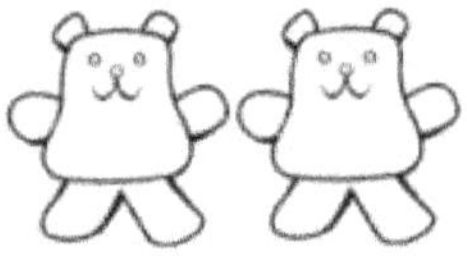

= _______

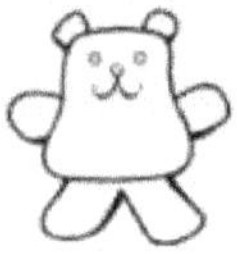

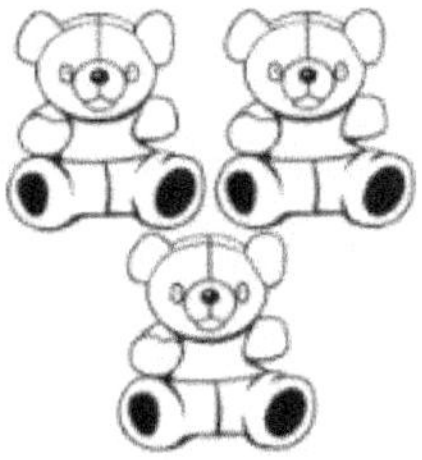

= _______

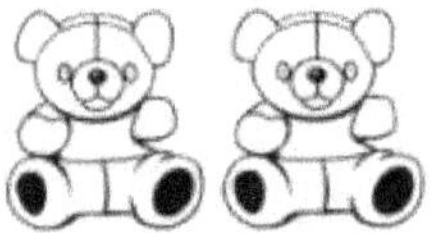

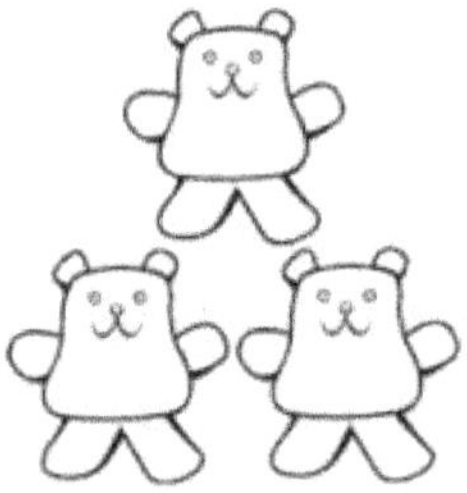

= _______

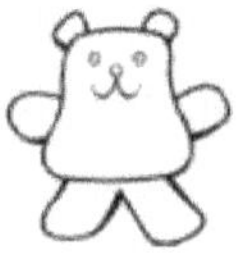

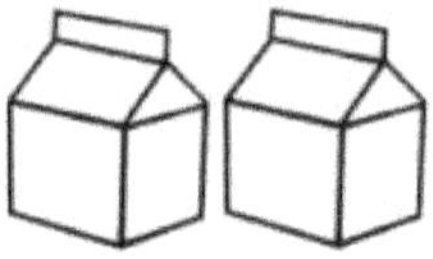

= _______

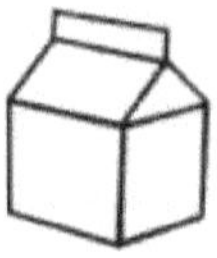

Name :
Subtraction Worksheets

3 
- 2 
Answer

5 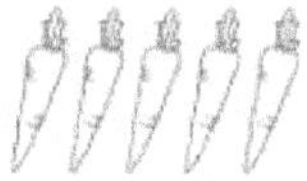
- 2 
Answer

4 
- 2 
Answer

4 
- 1 
Answer

2 
- 1 
Answer

2 
- 1 
Answer

Name : ________________

Direction: Draw a line to match the questions on the left with the correct number on the right.

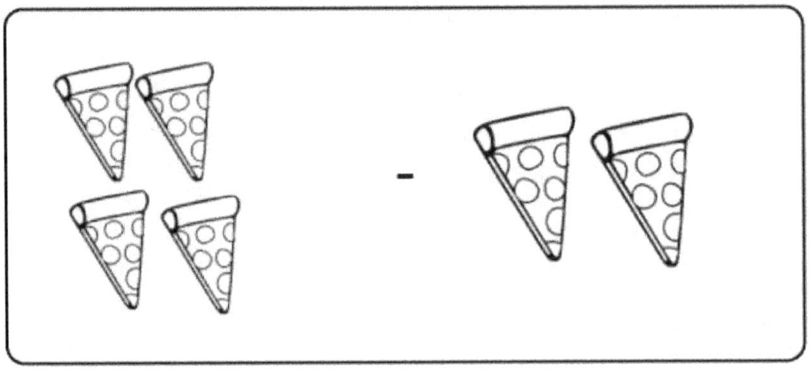

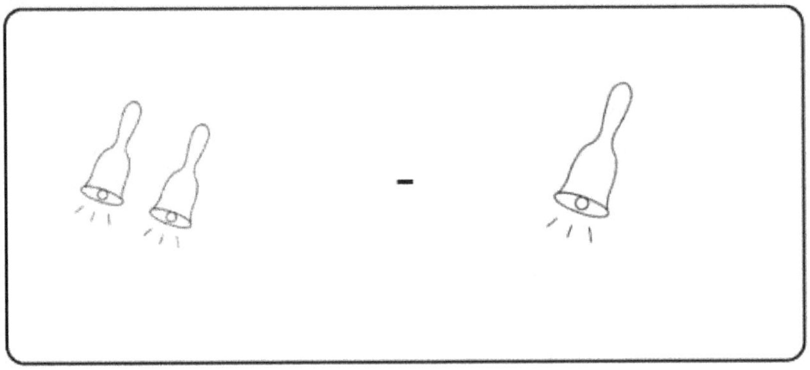

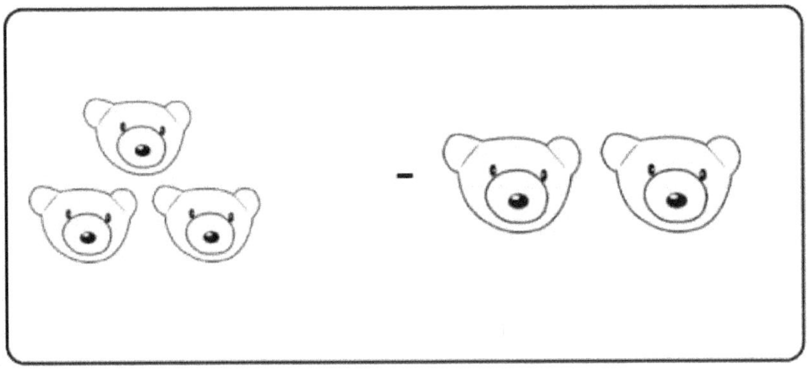

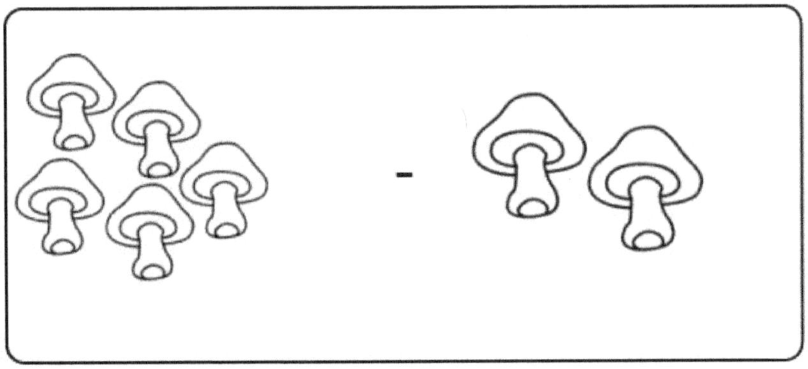

Name : _______________________________

Direction: Use the picture to help you find the answer.

1   2   3   4   5   6   7   8   9   10

7 - 4 = ____

10 - 3 = ____

4 - 1 = ____

10 - 9 = ____

10 - 1 = ____

6 - 4 = ____

1 - 1 = ____

2 - 1 = ____

7 - 6 = ____

3 - 1 = ____

Picture Subtraction Worksheet.

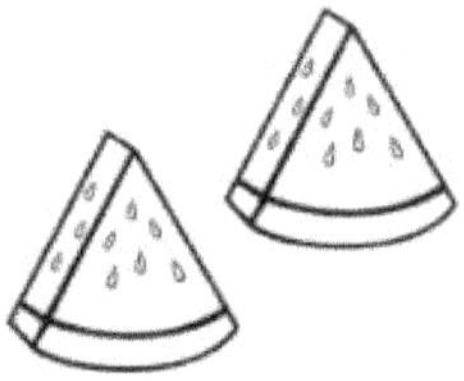

-     = __________

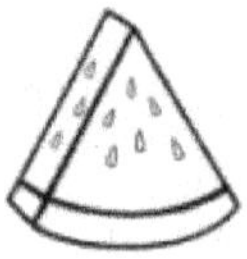

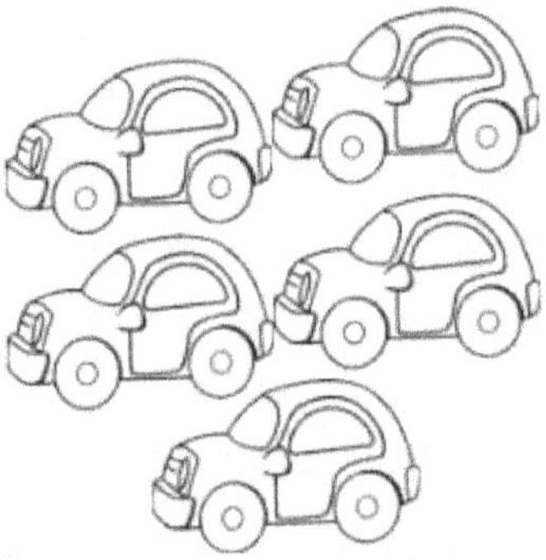

-     = __________

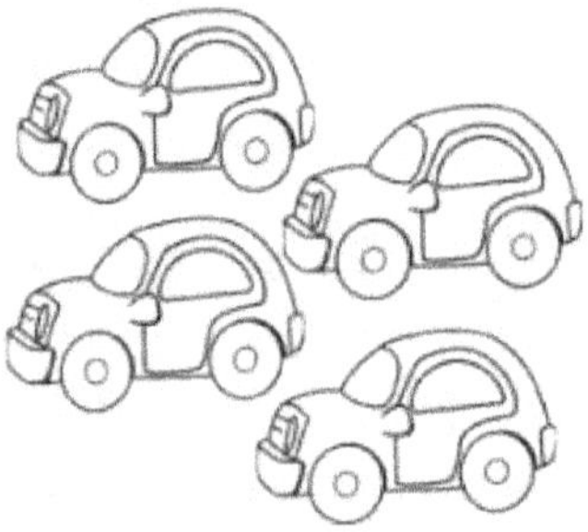

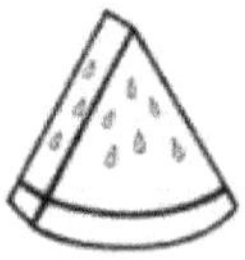

-     = __________

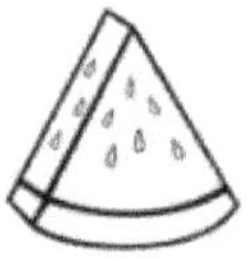

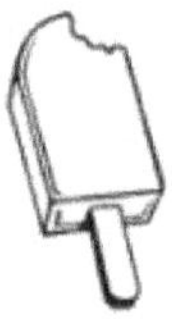

-     = __________

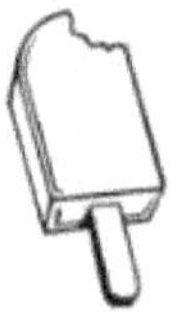

Picture Subtraction Worksheet.

4 - 2 =

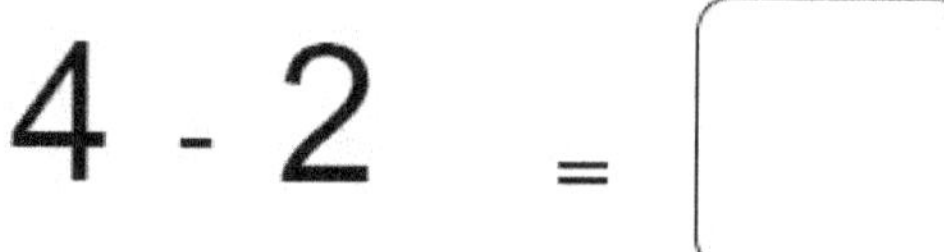

5 - 2 =

1 - 0 =

5 - 4 =

5 - 2 =

4 - 0 =

1 - 0 =

Picture Subtraction Worksheet.

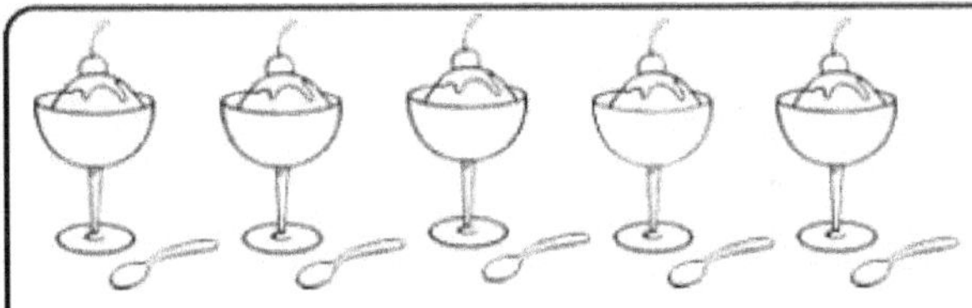

5 - 1   = __________

4 - 2   = __________

2 - 1   = __________

5 - 2   = __________

Name : _______________

Picture Subtraction Worksheet.

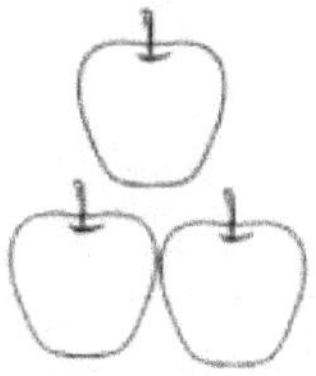

3 - 1 =

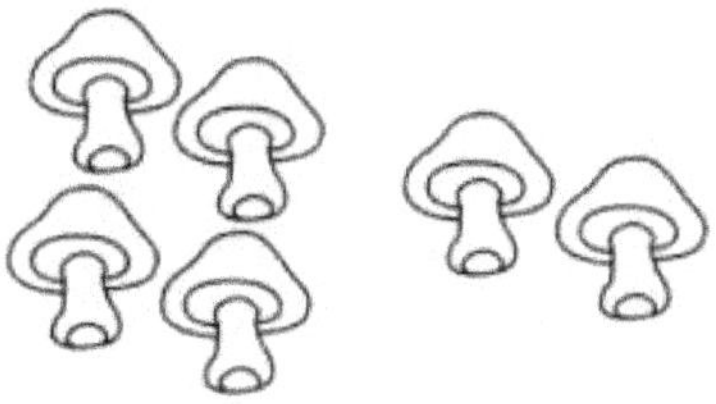

4 - 2 =

1 - 1 =

4 - 3 =

0

1

2

2

6 − 1	4 − 2	4 − 2
10 − 2	2 − 1	3 − 2
6 − 5	4 − 3	5 − 2

Name : ___________________________

Direction: Count the images. Write the number of images in the
boxes above each image and write the right number in the last box.

Picture Subtraction Worksheet.

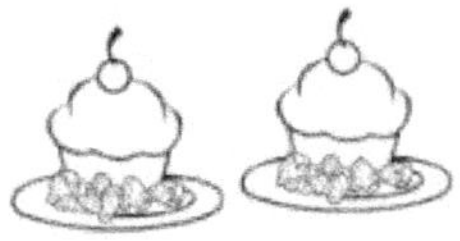

= __________

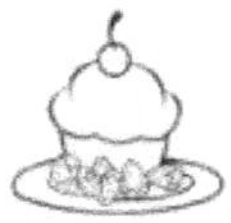

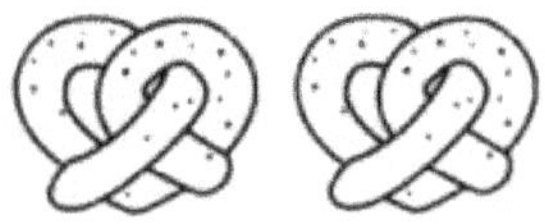

= __________

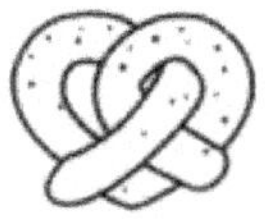

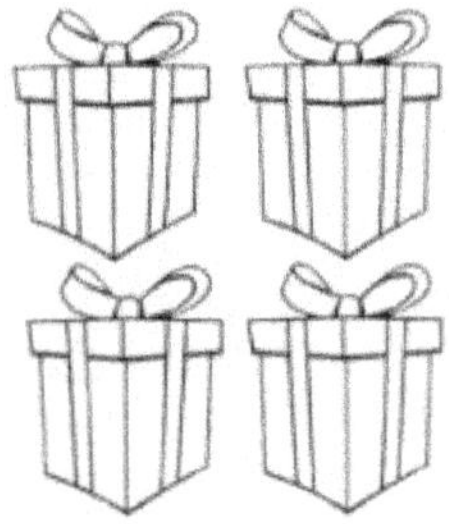

= __________

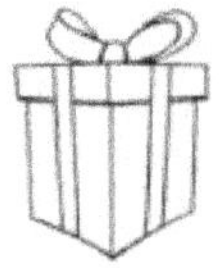

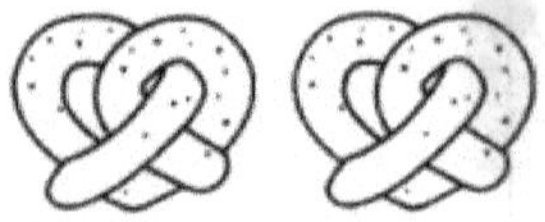

= __________

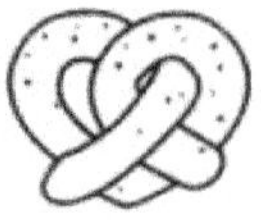

3 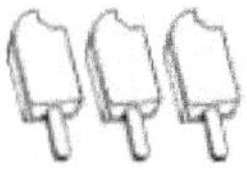
− 2

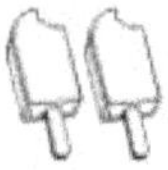

Answer

2 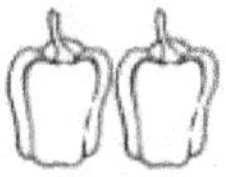
− 1

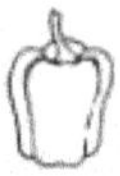

Answer

5 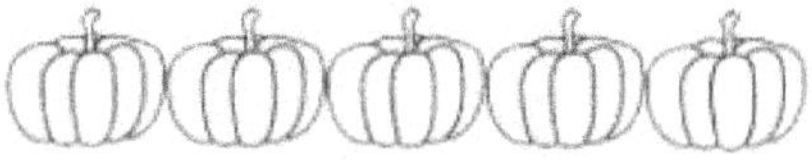
− 4

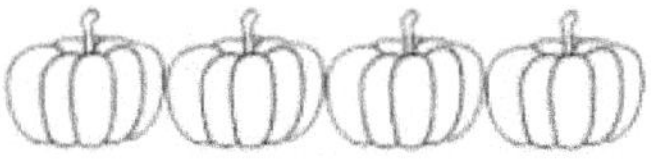

Answer

3 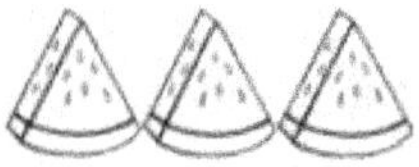
− 1

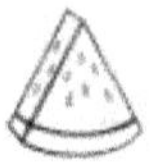

Answer

5 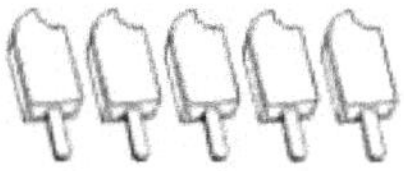
− 4

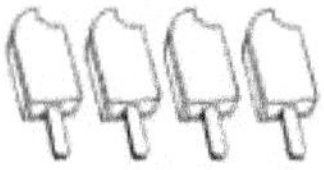

Answer

5 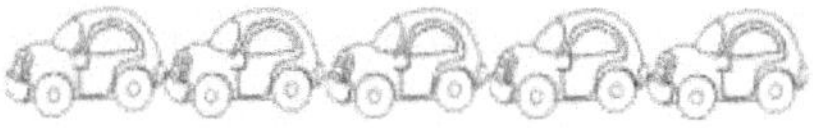
− 4

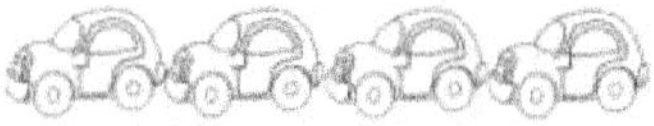

Answer

Name : __________________

Direction: Draw a line to match the questions on the left with the correct number on the right.

1

3

1

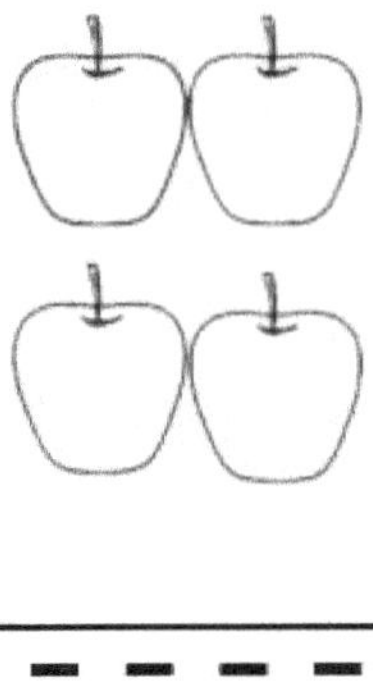

3

Name : ______________________________

Direction: Use the picture to help you find the answer.

1 2 3 4 5 6 7 8 9 10

6 - 5 = _____

3 - 1 = _____

1 - 1 = _____

2 - 1 = _____

1 - 1 = _____

3 - 1 = _____

7 - 3 = _____

5 - 1 = _____

3 - 2 = _____

3 - 4 = _____

Picture Subtraction Worksheet.

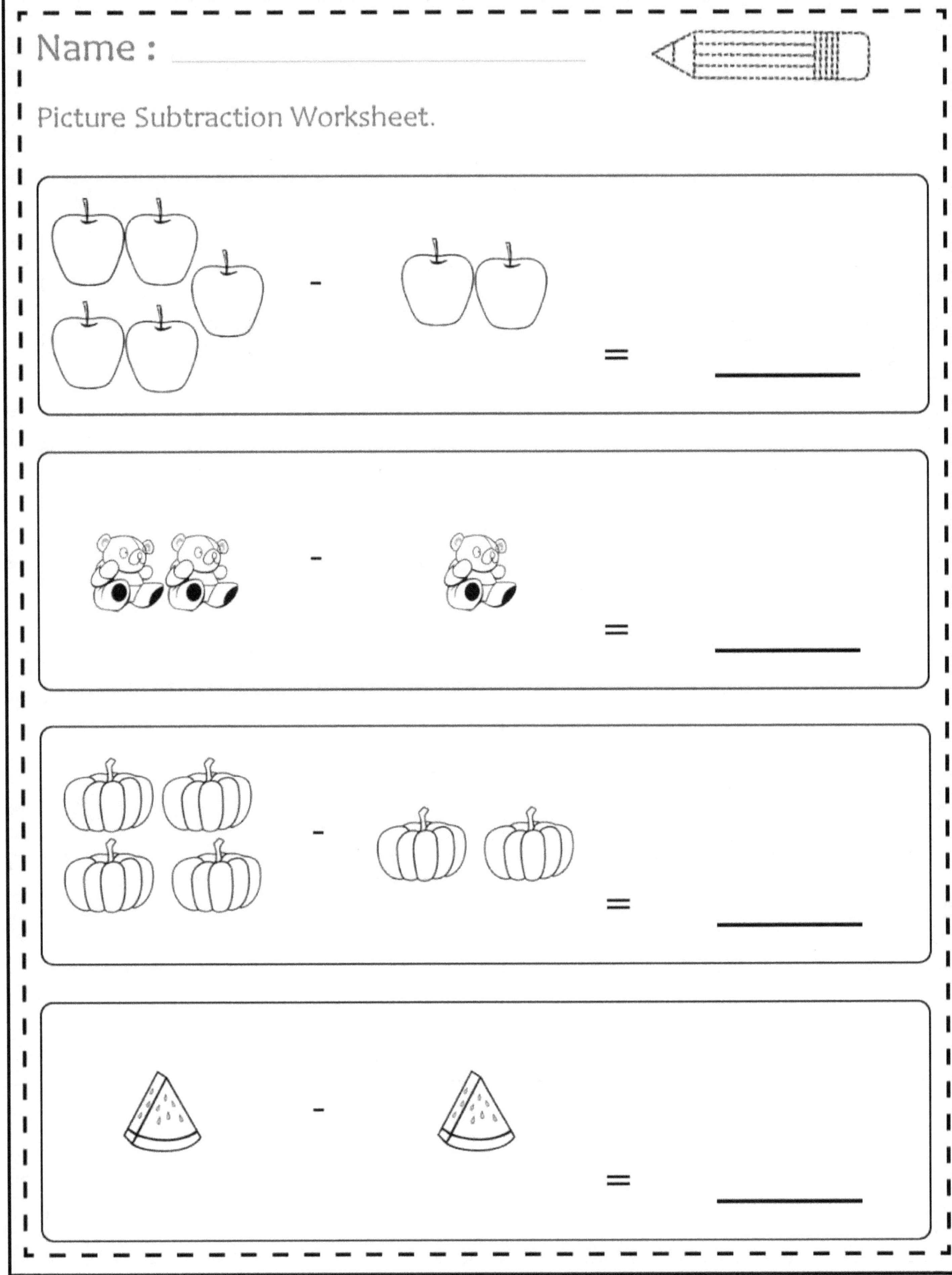

Picture Subtraction Worksheet.

5 - 3 =

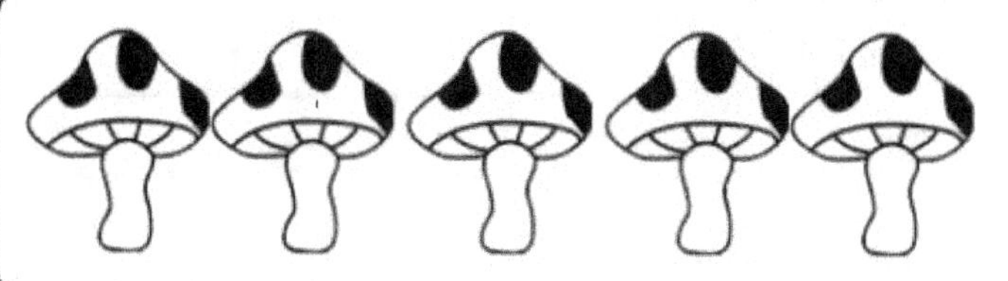

5 - 2 =

5 - 1 =

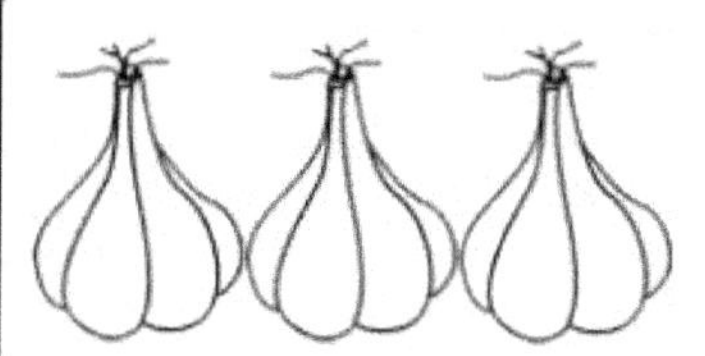

3 - 2 =

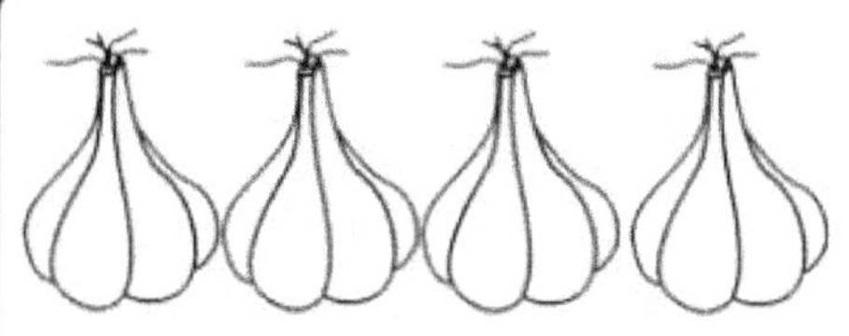

4 - 3 =

5 - 2 =

3 - 2 =

Picture Subtraction Worksheet.

$$2 - 1 = \underline{\qquad}$$

$$5 - 2 = \underline{\qquad}$$

$$3 - 1 = \underline{\qquad}$$

$$5 - 4 = \underline{\qquad}$$

Picture Subtraction Worksheet.

1 - 1 =

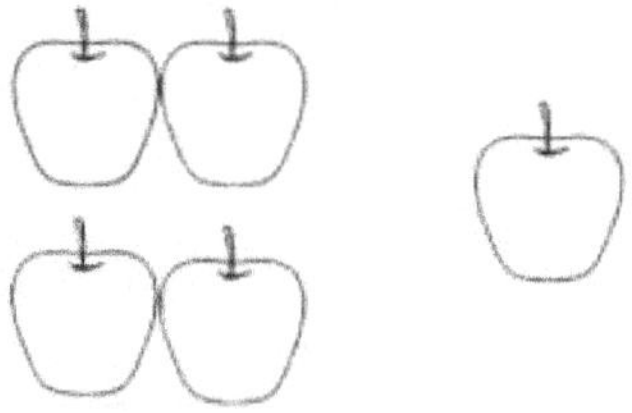

4

4 - 1 =

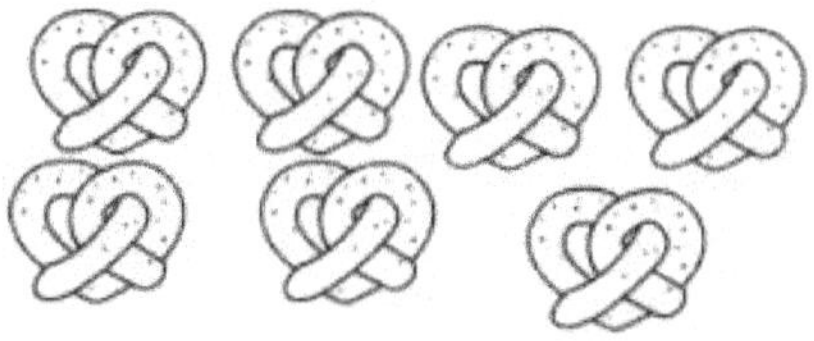

0

4 - 3 =

3

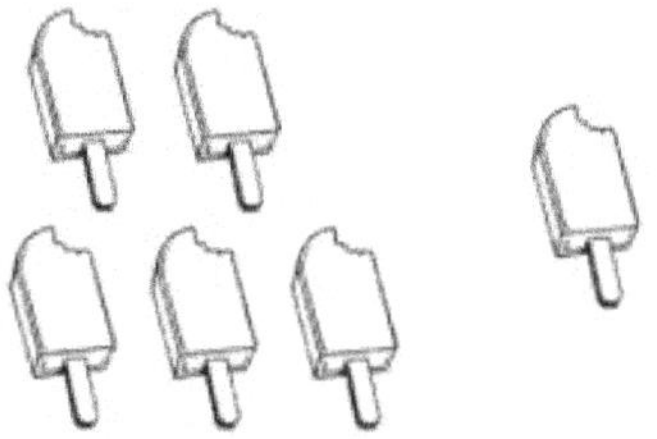

5 - 1 =

1

Subtraction Worksheets

$$1 - 1 = \Box$$

$$2 - 1 = \Box$$

$$10 - 1 = \Box$$

$$7 - 2 = \Box$$

$$7 - 2 = \Box$$

$$7 - 2 = \Box$$

$$7 - 6 = \Box$$

$$7 - 3 = \Box$$

$$10 - 7 = \Box$$

Math Made Easy....

Name : ________________________

Direction: Count the images. Write the number of images in the boxes above each image and write the right number in the last box.

☐	− ☐	=	☐
☐	− ☐	=	☐
☐	− ☐	=	☐
☐	− ☐	=	☐

Picture Subtraction Worksheet.

= _______

= _______

= _______

= _______

Subtraction Worksheets

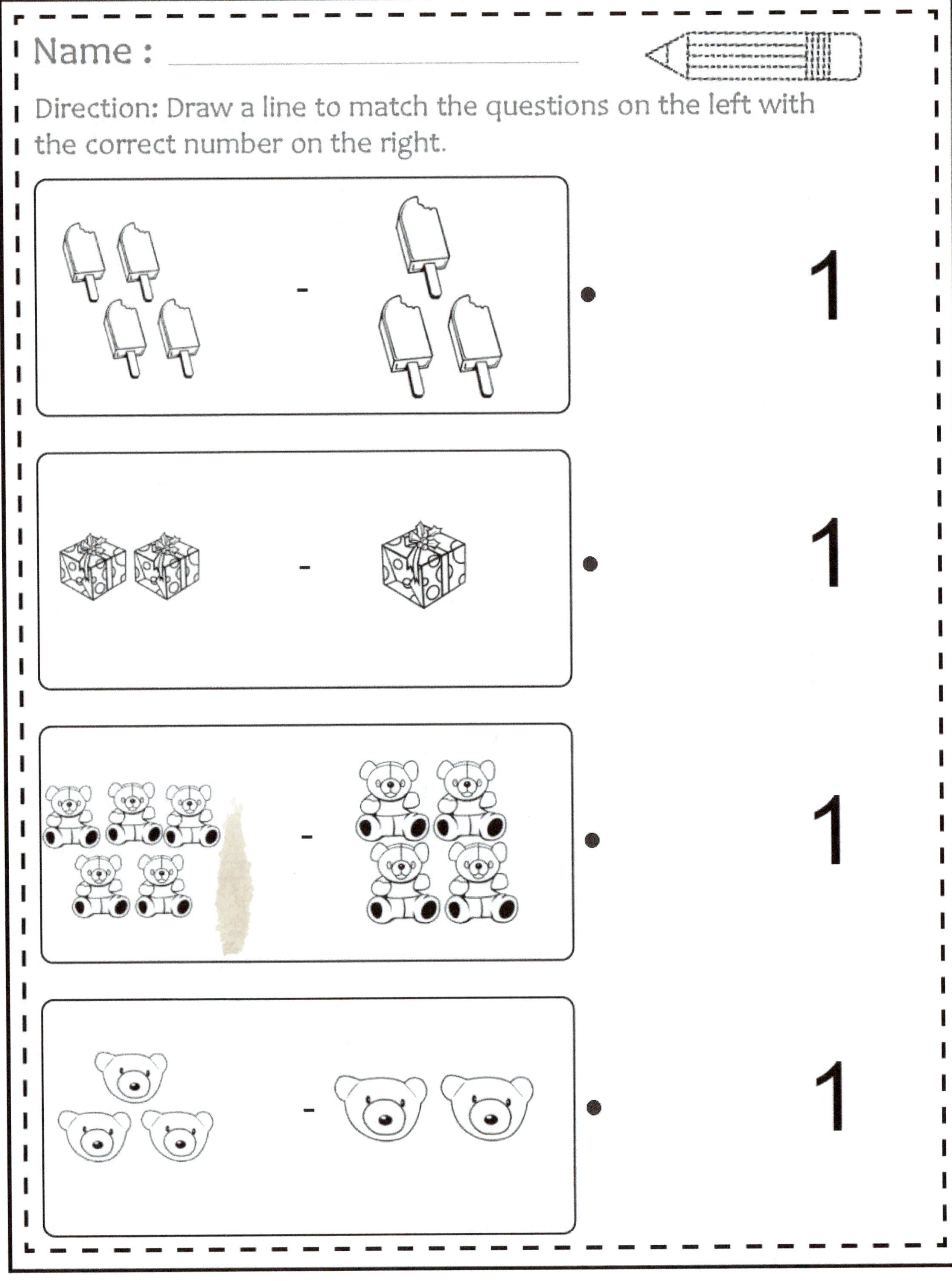
Name :

Direction: Draw a line to match the questions on the left with the correct number on the right.

1

1

1

1

Direction: Use the picture to help you find the answer.

| 1 | 2 | 3 | 4 | 5 | 6 | 7 | 8 | 9 | 10 |

10 - 6 = ____

10 - 5 = ____

6 - 5 = ____

6 - 1 = ____

8 - 5 = ____

10 - 1 = ____

6 - 3 = ____

10 - 8 = ____

8 - 6 = ____

1 - 5 = ____

Picture Subtraction Worksheet.

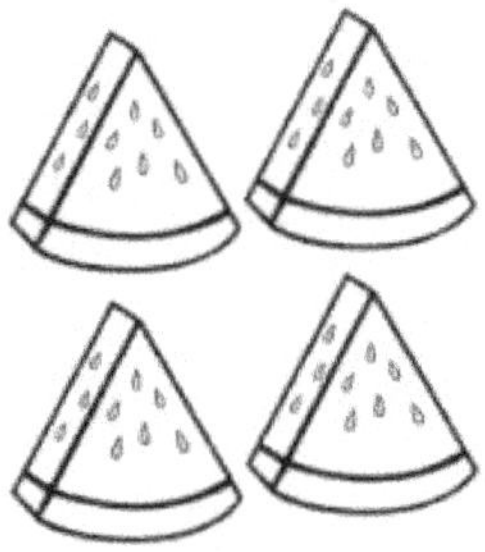

= ______

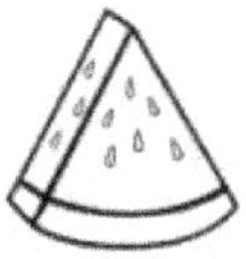

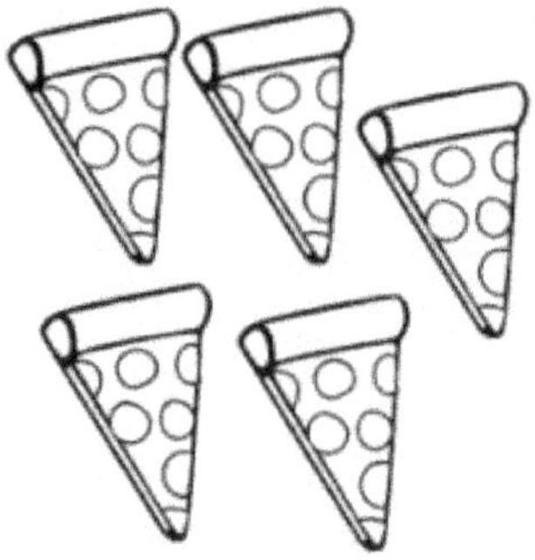

= ______

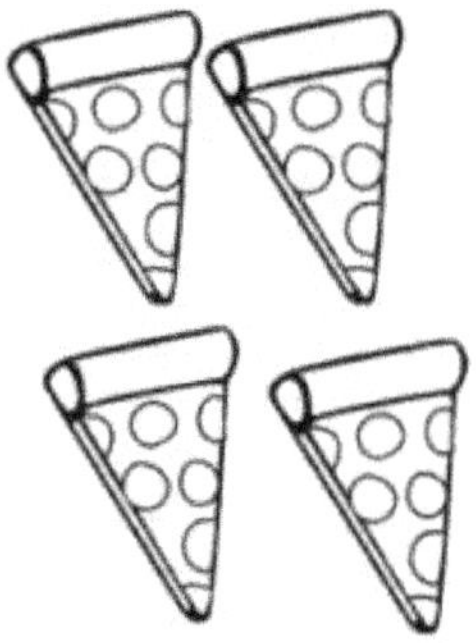

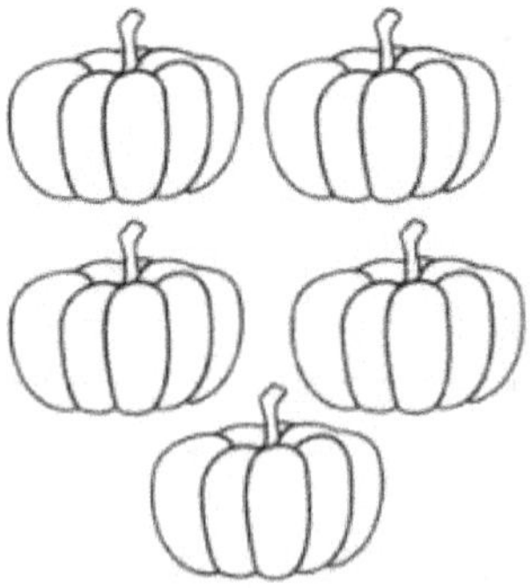

= ______

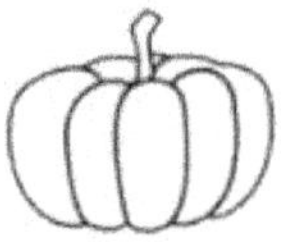

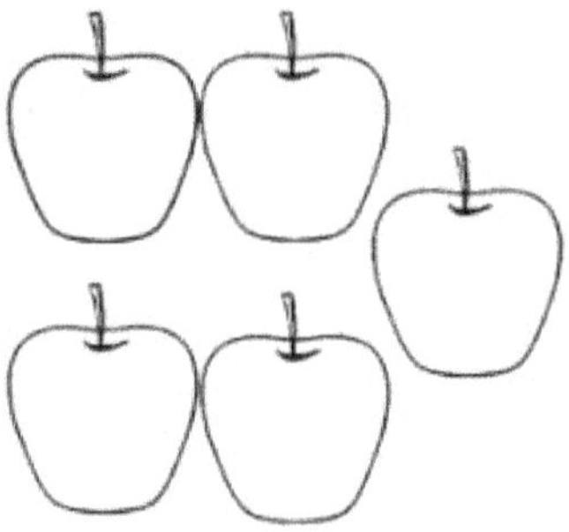

= ______

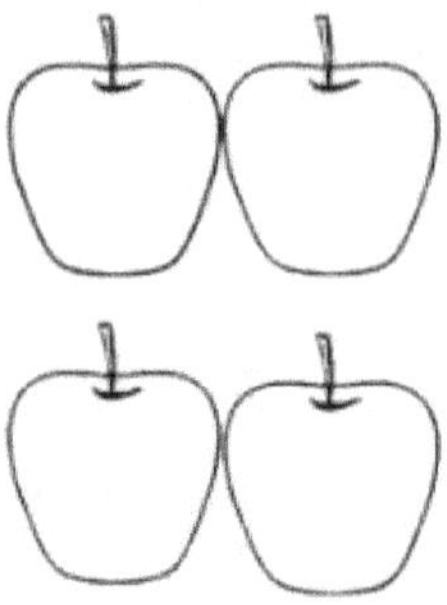

Picture Subtraction Worksheet.

1 - 0 =

4 - 1 =

5 - 4 =

2 - 0 =

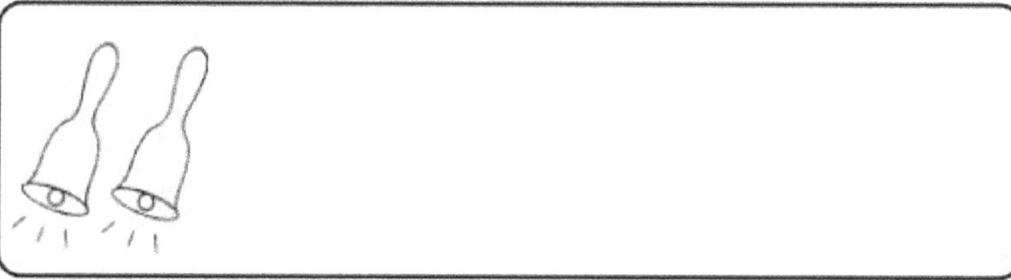

5 - 1 =

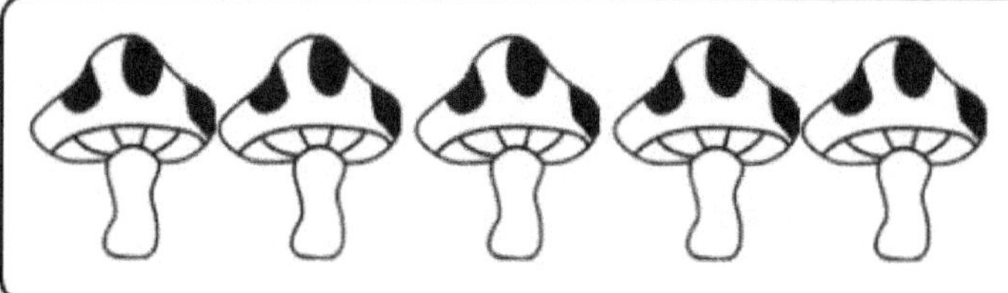

5 - 3 =

4 - 3 =

Picture Subtraction Worksheet.

5 - 0 = _______

5 - 4 = _______

5 - 0 = _______

4 - 2 = _______

Name : _______________

Picture Subtraction Worksheet.

1 - 1 =

0

1 - 1 =

0

1 - 1 =

0

1 - 1 =

0

4 - 3	1 - 1	9 - 2
1 - 1	1 - 1	9 - 4
10 - 9	4 - 2	9 - 1

Name : _______________________________

Direction: Count the images. Write the number of images in the boxes above each image and write the right number in the last box.

Name : _______________________

Picture Subtraction Worksheet.

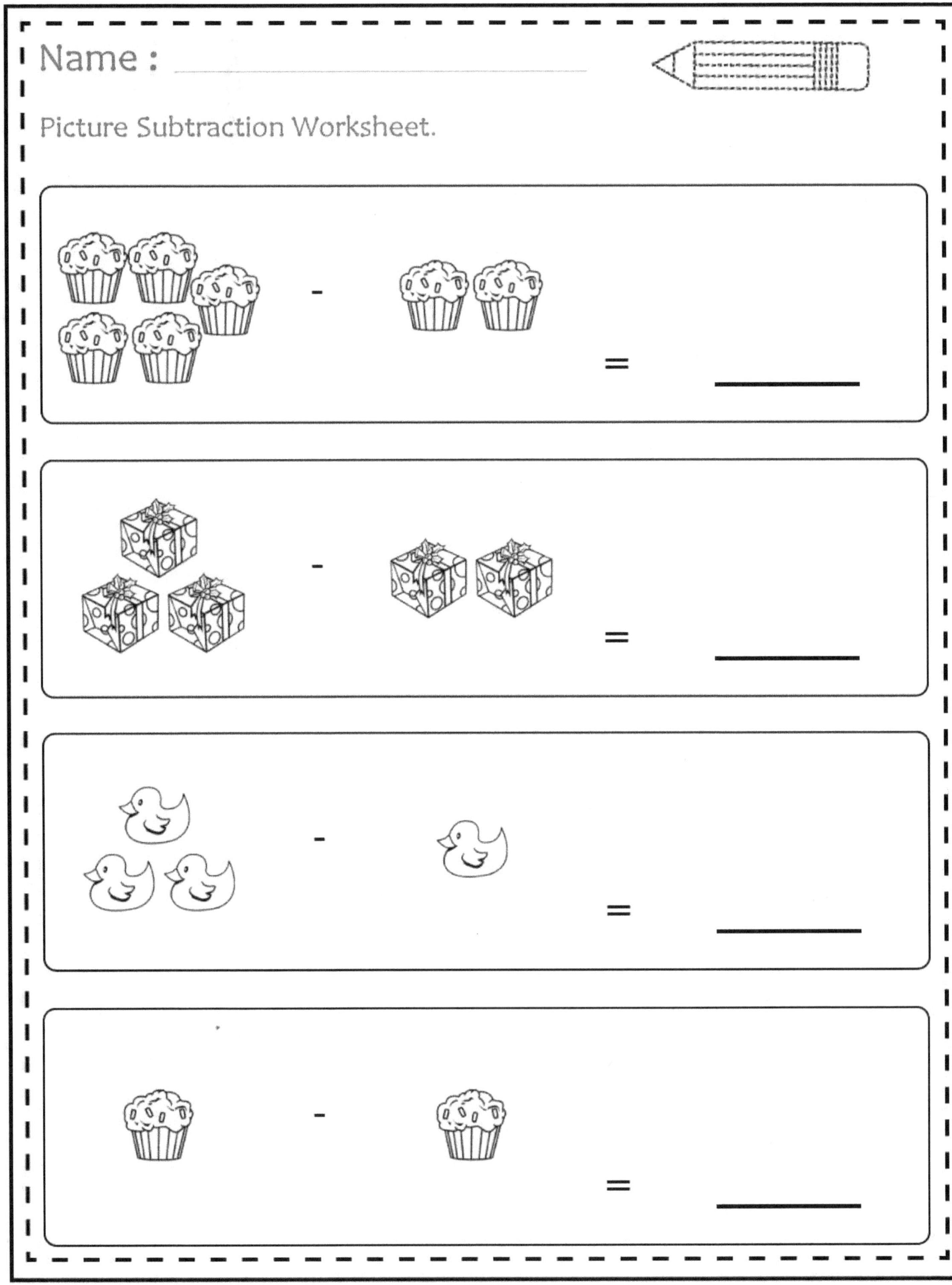

Subtraction Worksheets

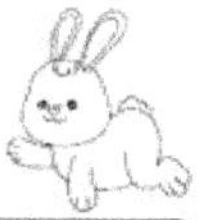

5 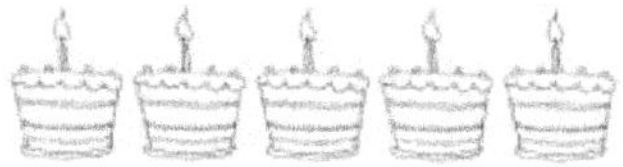
- 4

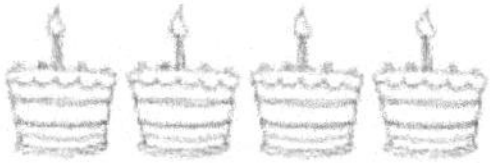

Answer

3 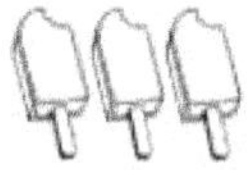
- 2

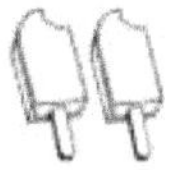

Answer

5 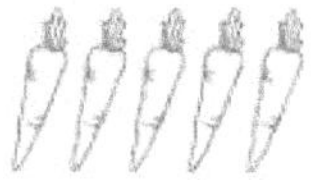
- 2

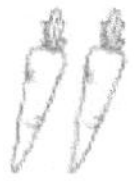

Answer

1 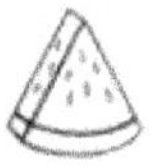
- 1

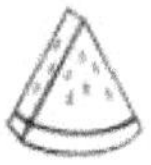

Answer

5 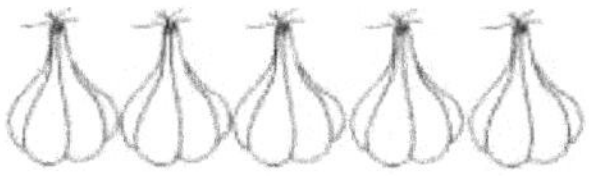
- 3

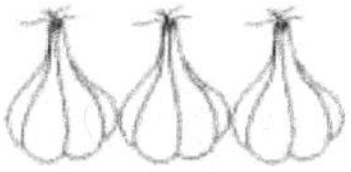

Answer

2 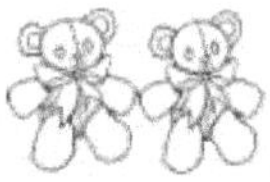
- 1

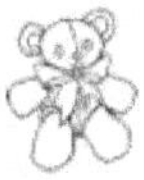

Answer

Direction: Draw a line to match the questions on the left with the correct number on the right.

Name : _______________________

Direction: Use the picture to help you find the answer.

1   2   3   4   5   6   7   8   9   10

8 − 5 = ____	9 − 8 = ____
5 − 2 = ____	6 − 4 = ____
5 − 4 = ____	10 − 5 = ____
9 − 1 = ____	5 − 3 = ____
9 − 4 = ____	9 − 8 = ____

Picture Subtraction Worksheet.

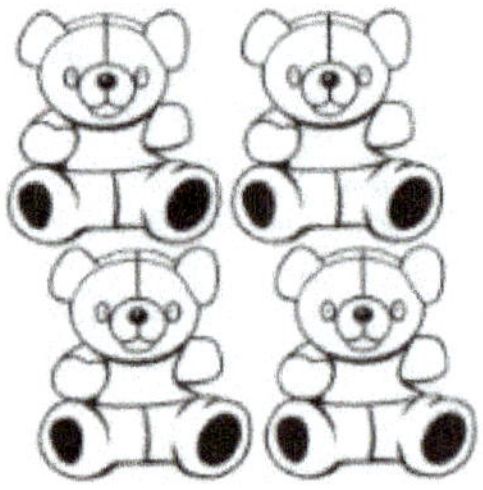

= _______________

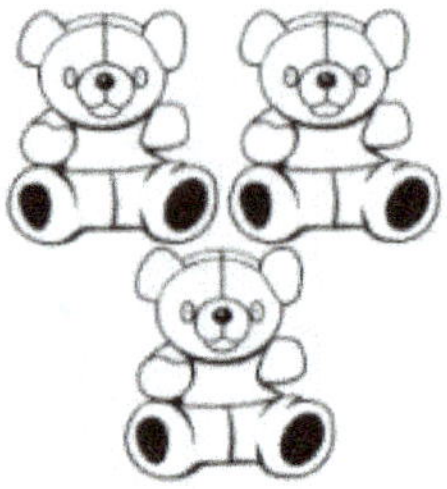

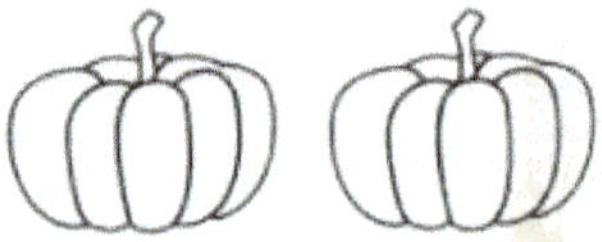

= _______________

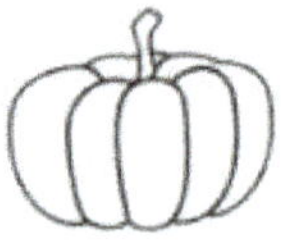

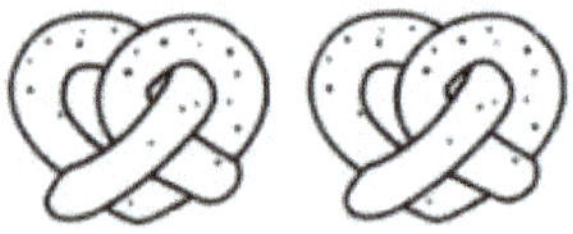

= _______________

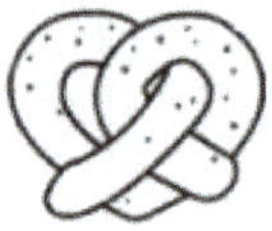

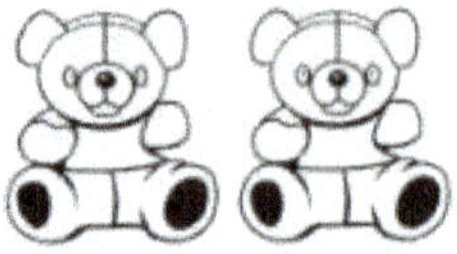

= _______________

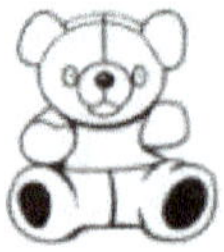

Picture Subtraction Worksheet.

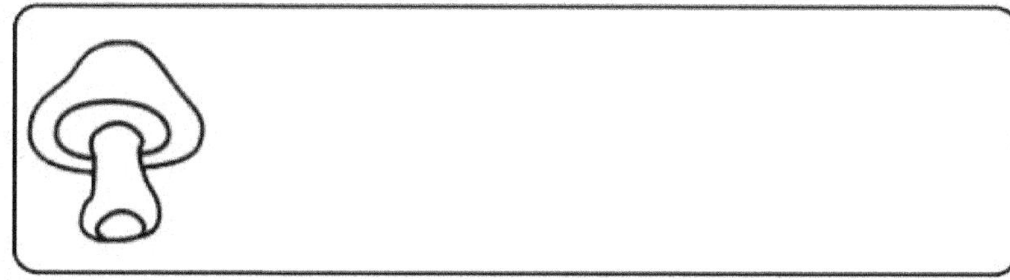

1 - 0 = ☐

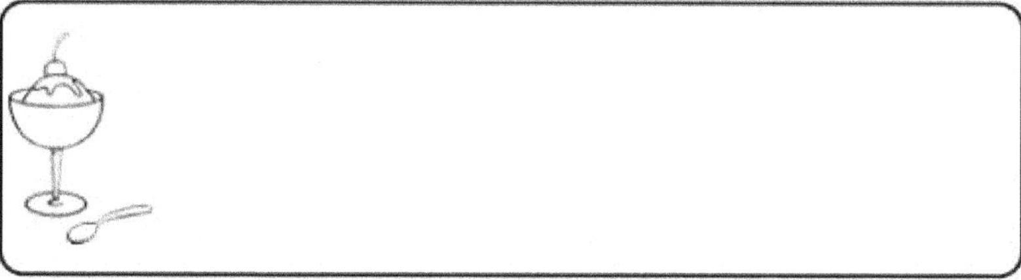

1 - 0 = ☐

3 - 0 = ☐

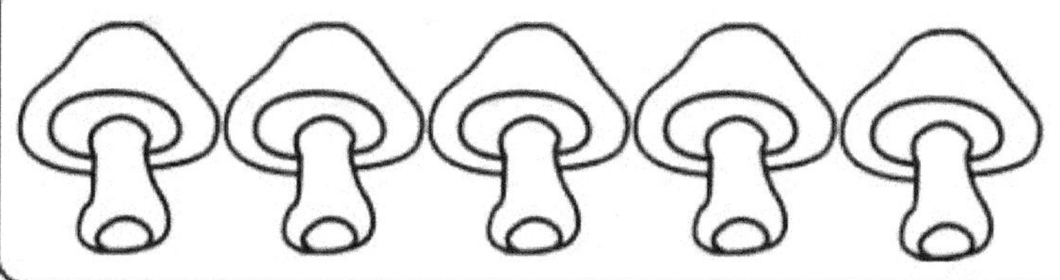

5 - 3 = ☐

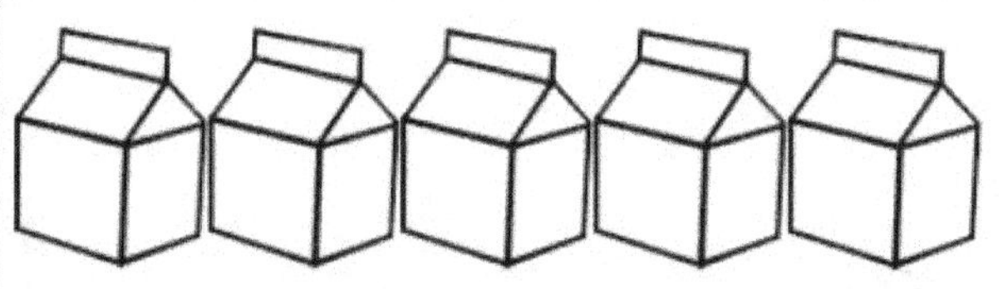

5 - 0 = ☐

3 - 0 = ☐

5 - 3 = ☐

Name : ___________________ 

Picture Subtraction Worksheet.

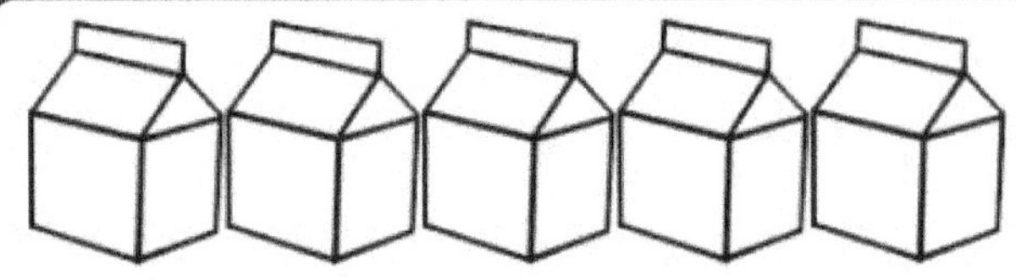

5 - 2   =   __________

2 - 1   =   __________

2 - 1   =   __________

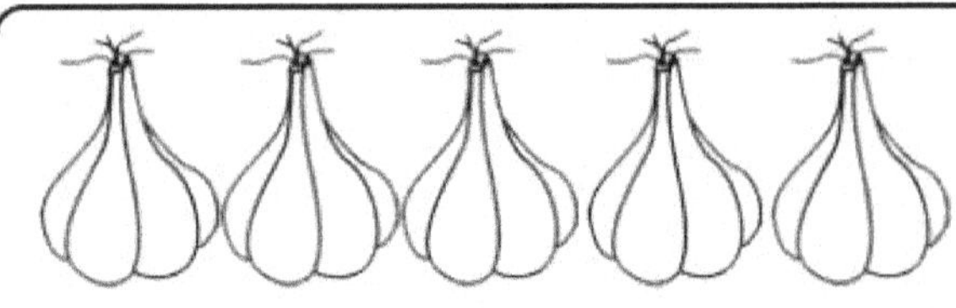

5 - 2   =   __________

Name :
Picture Subtraction Worksheet.

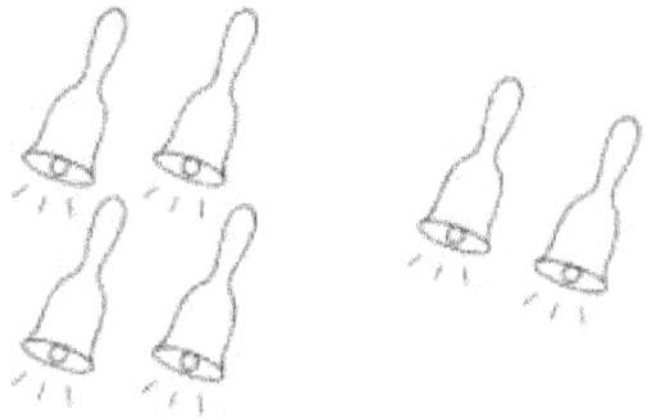

4 - 2 =

5 - 3 =

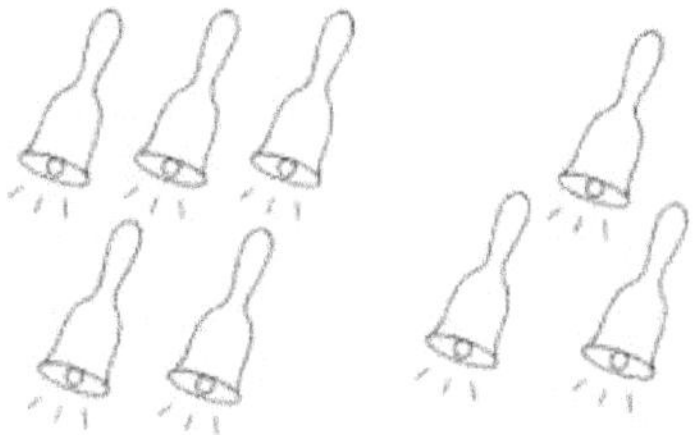

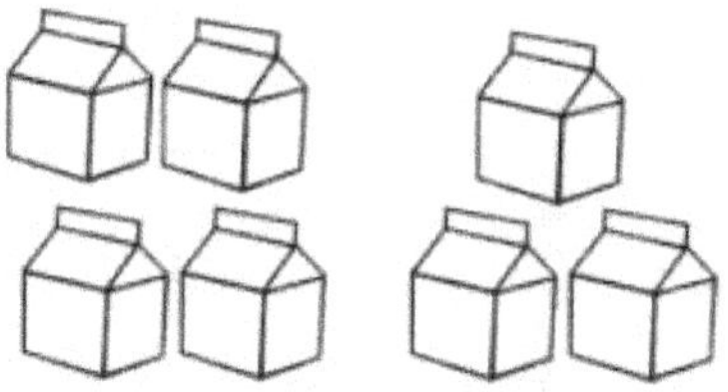

4 - 3 =

2 - 1 =

1

1

2

2

Subtraction Worksheets

1 − 1	8 − 1	7 − 5
5 − 4	10 − 6	9 − 3
6 − 4	5 − 4	1 − 1

Math Made Easy....

Name : ________________________________

Direction: Count the images. Write the number of images in the boxes above each image and write the right number in the last box.

=

-

=

-

=

-

=

-

Picture Subtraction Worksheet.

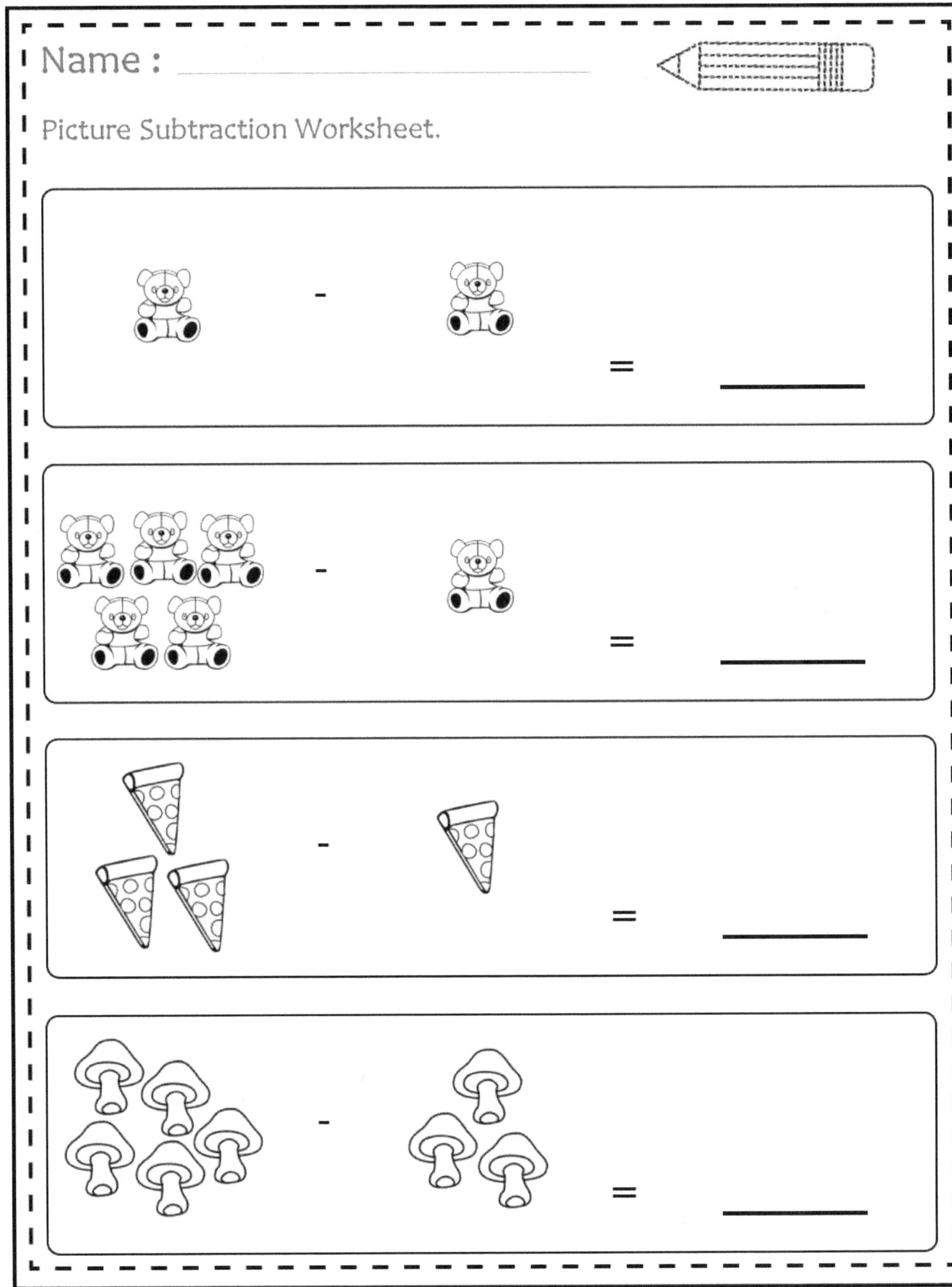

Name : ______________________

Subtraction Worksheets

2
- 1
_____
[ ] Answer

1
- 1
_____
[ ] Answer

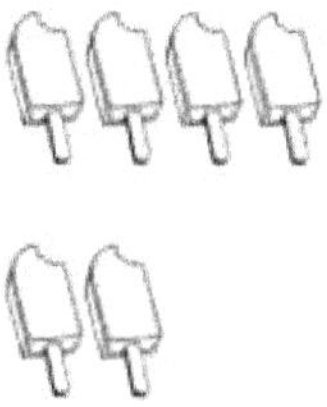

4
- 2
_____
[ ] Answer

5
- 2
_____
[ ] Answer

2
- 1
_____
[ ] Answer

5
- 4
_____
[ ] Answer

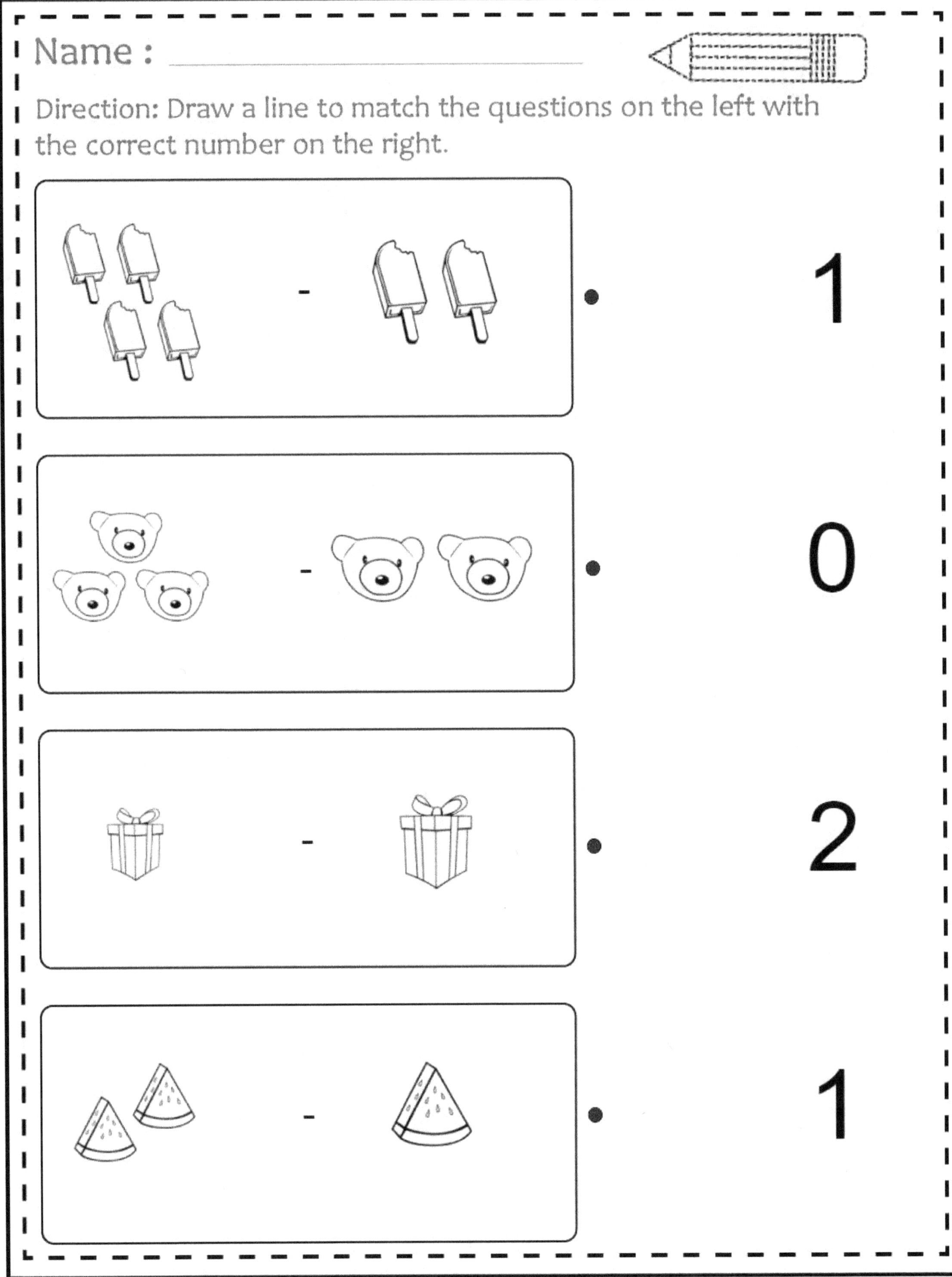

Name :
Direction: Draw a line to match the questions on the left with the correct number on the right.
1
0
2
1

Name : ___________________________

Direction: Use the picture to help you find the answer.

| 1 | 2 | 3 | 4 | 5 | 6 | 7 | 8 | 9 | 10 |

7 − 2 = _______

10 − 5 = _______

5 − 2 = _______

4 − 1 = _______

2 − 1 = _______

10 − 8 = _______

3 − 2 = _______

10 − 8 = _______

10 − 3 = _______

4 − 1 = _______

Name :
Picture Subtraction Worksheet.

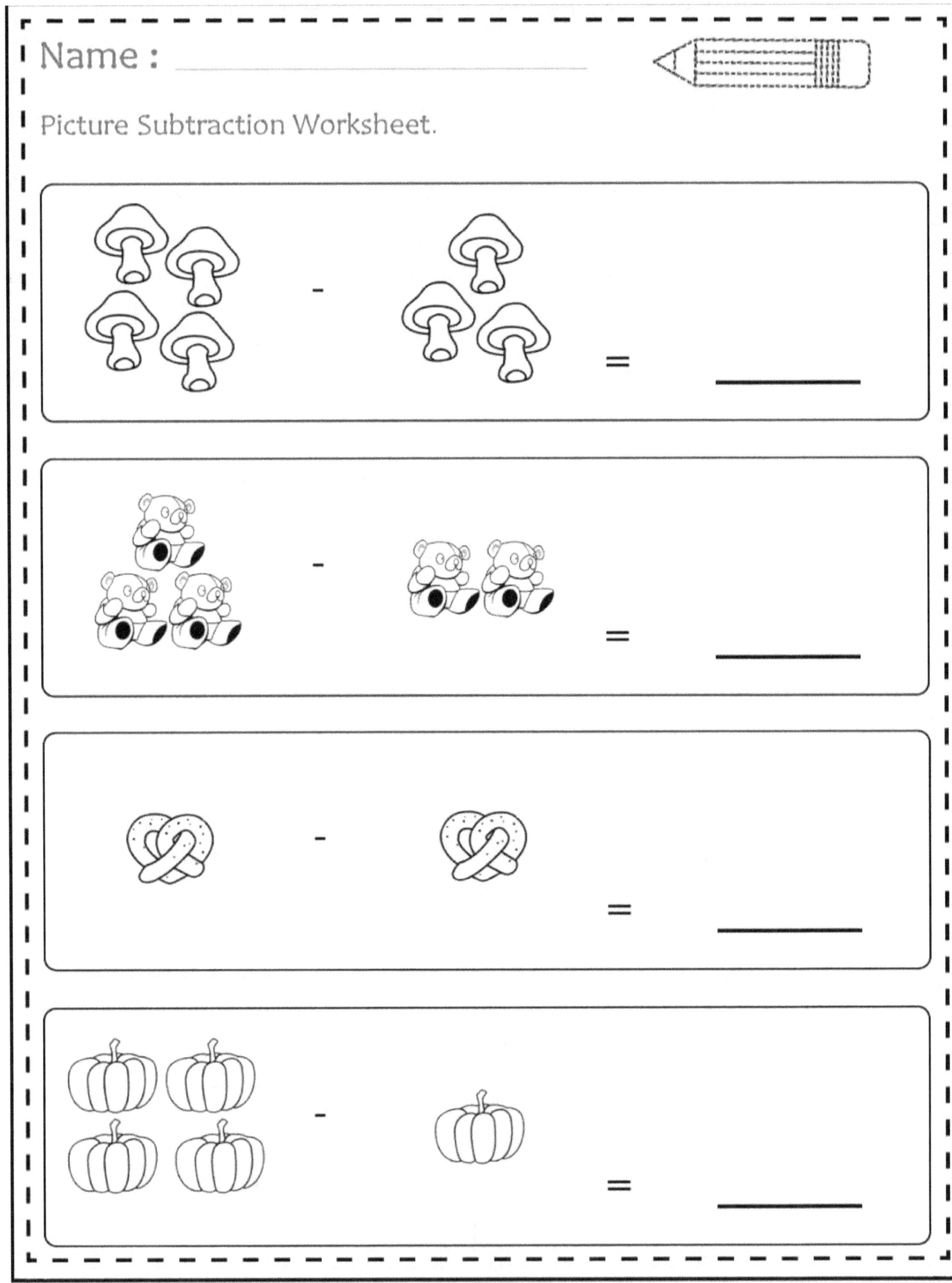

Picture Subtraction Worksheet.

5 - 3 =

3 - 2 =

2 - 0 =

2 - 0 =

5 - 1 =

5 - 1 =

3 - 2 =

Picture Subtraction Worksheet.

4 - 0 = _______

1 - 0 = _______

4 - 3 = _______

5 - 4 = _______

Name : _______________

Picture Subtraction Worksheet.

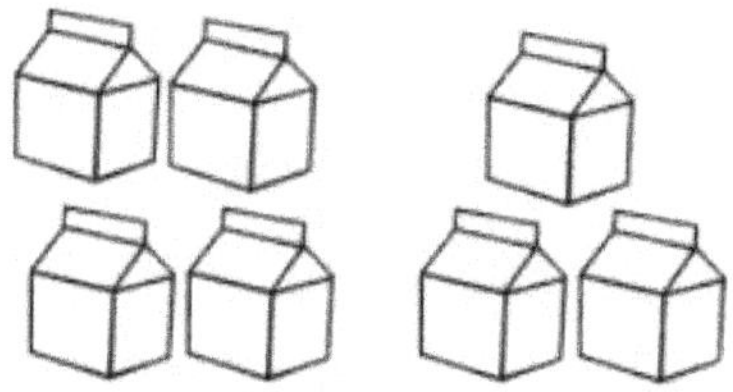

4   -   3   =

4   -   2   =

5   -   2   =

3   -   1   =

1

2

2

3